Patch work Lesson

初心者必讀

齊藤謠子の不藏私拼布入門課

13堂漸進式圖解教學一次公開

對第一次挑戰拼布的人來說，應該常會不知從何著手吧？

本書將從基礎的知識說起，

從Lesson1開始，讓初學者一邊作一邊學。

因為希望就算是初學者也可以作出令人滿意的成品，

也因此，一開始會比較瑣碎，然後再逐漸加深複雜變化。

所以就算是已經有過拼布經驗，屬於中級程度的手作人，

也能從本書中獲得樂趣。

所有的作品都是依圖序排列，

希望能讓大家打好製作小包包到提袋的基礎，

在製作自己獨創的作品時有所幫助。

齊藤謠子

Content

拼布工具　2

Lesson 1
變形九片拼布鍋墊　6　82

Lesson 2
九片拼布袋　16／83

Lesson 3
醉漢之路小壁飾　22／84

Lesson 4
醉漢之路拼布袋　28／85

Lesson 5
清洗衣物的貼布縫手提包　32／86

Lesson 6
條紋手拿包　38／87

Lesson 7
星形鎖鏈手提包　42／88

Lesson 8
圓形貼布縫拼布袋　48／90

Lesson 9
磚形拼布波士頓包　54／91

Lesson 10
鋸齒形拼布化妝包　58／92

Lesson 11
花朵貼布縫拼布袋　64／93

Lesson 12
枝幹拼布文件夾　70／94

Lesson 13
貼布縫置物籃　76／95

各式針法　80
開始拼布之前　81

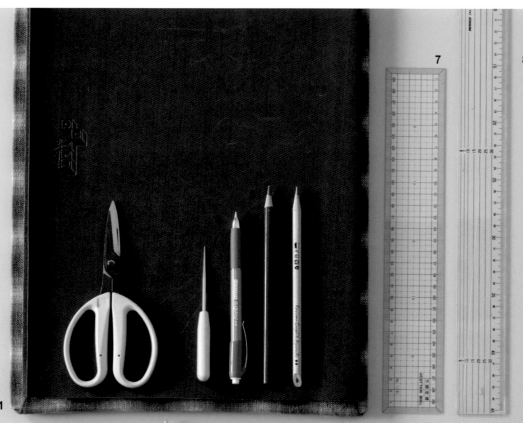

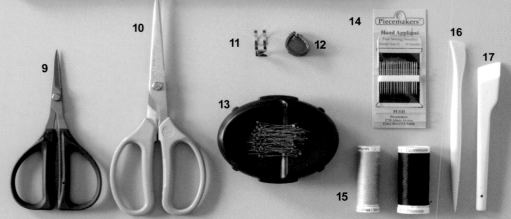

拼布工具

*繪圖或作記號工具

1〔**兩用燙板**〕兩用板，一面可以燙布，另一面可以畫布，材質為砂紙，可止滑，在布上作記號時十分便利。（參考P.7、P.10、P.13）

2〔**剪紙剪刀**〕剪紙用，依用途不同而分類。

3〔**錐子**〕複寫紙型時使用。（參考P.7）

4〔**布用消失筆**〕在布上作記號時使用。

5〔**色鉛筆**〕在鉛筆或消失筆無法顯色的深色布料上用，使用紅色或黃色。

6〔**鉛筆**〕建議使用2B鉛筆，筆芯比較軟。

7〔**方眼尺**〕在裁剪長條形或斜紋布條時，可以畫出平行線，非常方便使用。

8〔**45cm長尺**〕為了裁剪提把之類的物件，建議準備一支較長的尺。

*拼布工具

9〔**剪線剪刀**〕專門用來剪線。

10〔**裁布剪刀**〕建議選用小型且刀刃較薄的剪刀，比較方便使用。

11〔**切線器**〕套在大拇指上用來切斷線頭。（參考P.8）

12〔**頂針戒指**〕

13〔**針台・珠針**〕選用細長圓頭較小的珠針，會比較方便。

14〔**縫針**〕拼布及貼布縫時所使用的針。建議使用約長3cm的細長短針。

15〔**縫線**〕推薦使用Gutemann的線，十分好用。不僅在手縫時會使用，車縫時也會使用。

16〔**貼布縫專用骨筆**〕專作貼布縫小面積使用，一端的圓弧用於畫縫份的摺入邊線，尖頭的一端用於摺入縫份。在作縫份記號或壓褶時非常好用。

17〔**縫份骨筆**〕與貼布縫骨筆用途相同。（參考P.8、P.65）

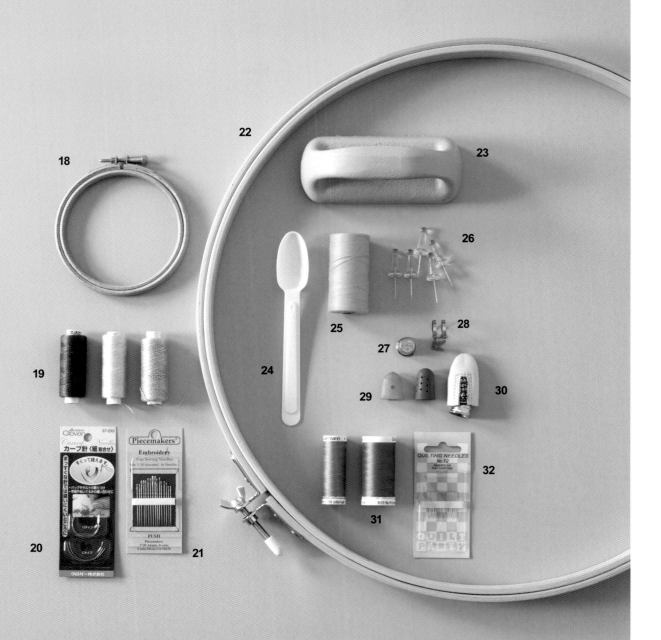

＊刺繡工具

18〔繡框〕刺繡時如果有小型繡框會很方便作業。（參考P.35）

19〔繡線〕兩股絲搓成的線，相當容易使用。

20〔彎曲針〕用於接合較硬材質的便利工具。（參考P.79）

21〔刺繡針〕

＊壓線工具

22〔壓線框〕建議選用直徑45cm大的尺寸。

23〔文鎮〕在不需使用壓線框時，可使用文鎮來輔助壓線。（參考P.11、P.67）

24〔湯匙〕在疏縫時會方便許多。嬰兒奶粉用的湯匙具有彈性，是最好的一種。（參考P.11）

25〔疏縫線〕

26〔圖釘〕拼布作業時使用。建議使用長針的類型。（參考P.10）

27〔金屬頂針〕有的前端是平的，有的前端圓的，依照套上的手指來區分用途。（參考P.11）

28〔切線器〕在進行疏縫時使用。（參考P.11）

29〔塑膠頂針〕在拔針時使用，有防滑作用。（參考P.11）

30〔皮革頂針〕（參考P.11）

31〔壓縫線〕推薦使用Gutemann的線，十分好用。

32〔壓縫針〕建議使用長約2.5cm左右的毛線專用針。

Lesson 1

裁剪

1

兩用燙板的砂紙面放上布料，再將紙型疊上，以鉛筆描繪出形狀。如此一來，布料就不會滑動，比較方便作業。

2

裁剪布料時無須在意布紋，應優先考量圖案。間隔出縫份，依紙型畫出需要的布片數量。但不是畫一片裁一片，是一起作業喔！

材料

製作鍋墊所需材料（由左而右）：
棉襯、裡布、滾邊布、配色布兩種、掛環用布。
為了作業方便，不管哪一種布請都多準備一些！

製作紙型

1

將原寸紙型複寫到白紙上，以錐子在必要的接點上戳洞，並作記號。

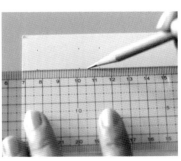

2

將戳刺出來的記號點以尺畫線連接起來。建議使用2B鉛筆。

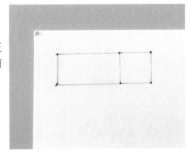

3

本作品的紙型只需長方形與正方形。以剪紙剪刀將紙型剪下。

3

加上0.7cm的縫份後裁剪。

4

依圖案裁剪所需布片。此圖案需16組。將裁剪下來的布片翻回正面，依完成圖排列，並調整整體平衡。

拼縫布片

1
將布片正面相對疊合，對齊邊角，以珠針垂直固定。線端打結，從記號外側0.5cm處挑一針。

2
使用貼布縫用針。先進行一針回針縫後再繼續縫平針縫。

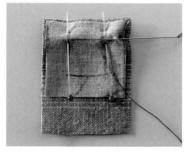

3
針目要盡量細密，縫至距記號外0.5cm處，再進行一針回針縫。

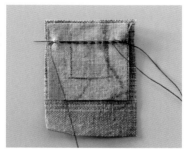

4
縫完後調整針目的緊密度，將縫線拉平，收針打結。

5
以套在大拇指上的切線器將線割斷，就不需再去拿剪刀，可以縮短作業時間。

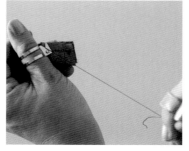

6
縫完後修齊不平整的縫份。這項作業每次一定要進行。

7
將縫份由距縫線0.1cm處摺起，以手指壓緊褶線，縫線就不會鬆開，可以製作出漂亮的成品。

8
壓褶時的模樣。縫份倒向並沒有特別規定，建議倒向深色或花色不明顯的一側。

9
以骨筆由正面壓整縫線。這個動作有類似熨斗的功能，可以讓縫線更為平整。

10
縫合完成一組圖案。

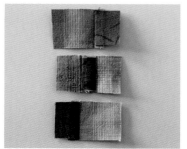

11
接著拼接上列布片。以與步驟1相同的方式拼縫，布片疊合的部分要以回針縫縫合。

16
先接縫橫列，縫份皆倒向中心。

12
縫合完成的模樣。縫完後以回針縫收尾。

17
橫向接縫兩列後，接縫縱列部分。縫份也倒向中央。

13
如步驟7，以手指壓緊褶線，縫線就不會鬆開，將縫份倒向第二列的那一側。

14
以同樣的方式拼縫第三列，縫份倒向第二列，中間列就會很醒目。

15
四組布片完成後，再繼續接縫所需接合的布片。

18
接縫完成一片拼布塊。因為是將縫份倒向接縫的布片，所以圖案會看起來相當顯眼。左下圖是背面圖。請製作四片。

拼縫圖案

1
將四個區塊的布片及邊框布條拼縫在一起。

2
先拼縫橫向的布片及邊框布條。縫份倒向中央。

3
與中央的邊框布條接縫，縫份倒向中央。接著與左右邊框布條縫合，縫份倒向外側。

4
最後將上下的邊框布條縫合，縫份倒向外側，表布就完成了，再以熨斗燙整。

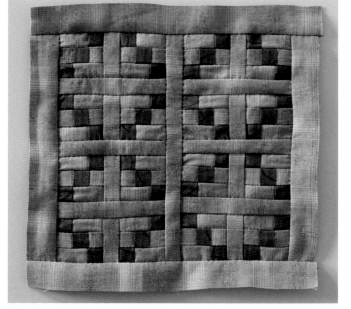

畫上壓線

將表布放在兩用燙板的砂紙面上，以尺從中心朝外側作記號。作記號時建議使用布用消失筆。深色布料時用白色，淺色布料時則使用黑色。使用消失筆可以畫出粗細一致的漂亮線條。

貼上棉襯

1
在燙板放上裡布，背面朝上，為了不讓布料滑動，以圖釘固定。建議先固定四角，再固定中央部分。

2
疊上同樣大小的棉襯，攤平後以圖釘固定。讓裡布與棉襯比表布多出6cm左右，在壓線時會更方便。

3
最後放上表布，以圖釘將三層布料緊緊固定。

4
固定好後，取下裡布與棉襯的圖釘。

疏縫

1
將針穿上線，線尾打結。由中心朝外進行放射狀疏縫（上下、左右）。因為是以圖釘固定住，拔針時以湯匙（參考P.5）的背面壓住布面，會比較容易挑出針頭。

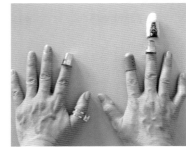

壓線

1
壓線時所需的工具。為了防滑，在右手食指套上橡膠指套，中指套上圓頭頂針，再套上皮革頂針。左手大拇指套上切線器，食指則套上平頭頂針。

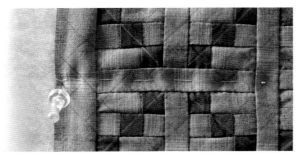

2
最後一針進行回針縫，留下較長的線。一邊移動燙板，一邊朝一定方向疏縫，在作業上會比較輕鬆。

3
最後沿著完成線外圍加上一圈疏縫，這樣便完成了疏縫。

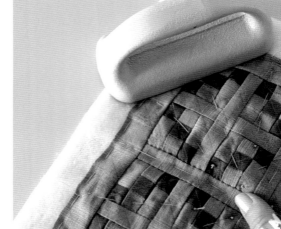

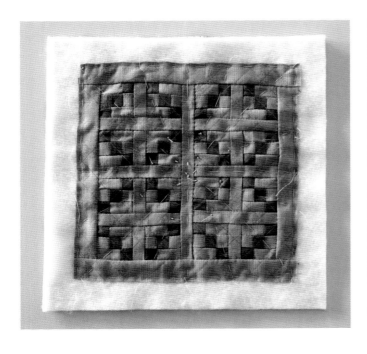

2
在製作無法使用壓線框的小作品時，以文鎮壓住，一邊注意布面一邊壓線。在桌子邊緣進行壓線時的位置與桌子錯開，會更利於作業。

3
將針穿入一股線，線尾打結，線長約在50cm以內。壓線與疏縫都由中心點開始，先在稍離中心點的位置入針，只挑縫表布。

4
出針，拉緊線，將始縫結藏入布中。

5

先進行一針回針縫，只挑縫表布。

6

再進行一針回針縫，回到入針處，開始進行壓線。壓線的方法請參考P.27的步驟34、35，盡量選用細針，每1cm約有三針目。

7

在針目重疊處，將針以垂直方式出入。

8

縫合時壓線的針目盡量一致，就算看起來粗糙些，但一致性是相當重要的。

9

壓線完成後，僅留下外圍的疏縫線，將中間部分的疏縫全拆掉。

10

在距邊框布條縫線外1.5cm左右，以尺畫出完成線（包邊的基準線）。

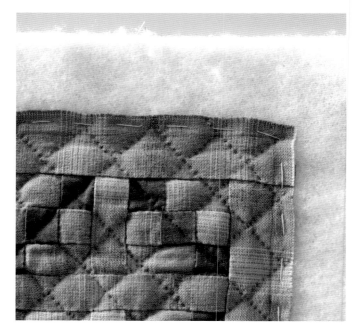

裁剪斜紋布條

1
將布料上端往下摺,與縱向的布邊平行,將尺放入凹褶處。

2
壓住尺,在不讓尺移動的狀態下攤開布料,沿著尺畫線,就可以畫出正斜紋布條的記號線。

3
畫出寬3.5cm的斜紋布條線,然後在各斜紋布條的一側畫出0.7cm的縫線標記。

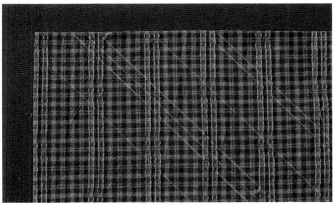

4
將裁剪下來的斜紋布條以同樣的斜度對齊,同一側邊加上縫份,依步驟5的作法接縫起。

5
將斜紋布條正面相對疊合,以珠針固定,以全回針縫縫合布邊,也可以車縫。

6
縫份倒向一邊。斜紋布條比預定尺寸再稍微作長一些。

縫製滾邊

1
將斜紋布條一端的布邊摺疊0.7cm,從接近邊角不顯眼處開始縫合。先以珠針將布固定到邊角處。

2
以全回針縫縫合,縫到邊角處時先停針。

3
將斜紋布條對齊邊角後摺疊。

4
依步驟1的作法,將珠針再固定到下一個邊角處。

5

拔掉邊角的珠針，從縫合的一側入針，再從另一邊出針。

6

與步驟2作法相同，以全回針縫縫合。縫一圈後，在始縫處前2cm停針。

7

與步驟1摺疊的0.7cm處，重疊1cm後其餘剪掉。剩下的部分縫合固定。

8

縫完後，將多出來的棉襯與裡布連同斜紋布條的縫份（0.7cm）一起對齊修剪。

9

翻到背面，將斜紋布內摺兩次，以珠針固定後進行細密的藏針縫。

10

縫至近邊角處時，先停針。

11

將正面與背面的邊角整理成三角形，內摺兩次，以珠針固定，再以細密的藏針縫縫合邊角。三角部分不縫。

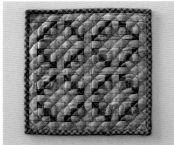

12

滾邊完成了！上圖是正面，下圖是背面。

製作掛環

1

來製作鍋墊邊角的掛環。準備一塊4×10cm的布，正面對摺後，在距布邊0.5cm處車縫，將縫線調整到中央，燙開縫份，車縫布端一邊。整理出方便使用返裡器的形狀。

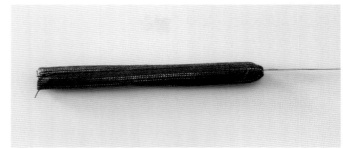

2

將返裡器的前端套上掛環布。

3

套好後，將返裡針穿入。

4

摺疊布端，讓返裡針穿出布面。

5

讓返裡針套著布頭拉回到正面。

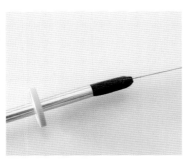

6

將返裡針從布上拆下。

車縫掛環

1

將未縫合的一端疊於鍋墊的邊角處，在距布端1cm處將掛環布正面疊於鍋墊的背面，並以立針縫縫合。

2

對摺掛環，於距一開始縫合的上方處疊合，以立針縫縫合。

完成

鍋墊完成了！

Lesson **2**

1
與Lesson1的鍋墊使用相同圖案，以不同的邊框布條組合製作。拼縫布片的方式請參考P.7至P.9的步驟1至18拼縫布塊。

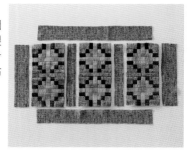

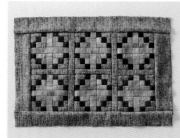

3
以相同方式拼縫上下的邊框布條。

4
在止滑板上畫出壓線記號。

2
將縫份各自在距縫線0.1cm處摺起，以手指將褶線壓緊，縫份倒向同一側。（參考P.8的步驟7）

5
將裡布、棉襯、表布依序疊合，進行疏縫。（參考P.11）

6
因為此作品是無法使用壓線框的尺寸，所以使用文鎮輔助壓線（參考P.11、P.12）。前、後片壓縫作法相同。

8
前片與後片正面相對疊合，車縫三邊。

9
剪掉多餘的縫份。其中一塊裡布的縫份要拿來包邊，所以留下約3cm，其他的縫份僅留下0.7cm。

7
與邊框布條的交界從正面以珠針固定。將布翻到背面，以珠針當作基準點，向外2.5cm處標示縫線（完成線）記號。

14
翻回正面，邊角也變得非常厚，所以要漂亮地翻回正面需要技巧。首先，沿邊角順著縫線將縫份摺入並抓緊。

15
再從另一面摺疊，緊緊壓牢。

10
將留下來的縫份內摺兩次進行包邊，一邊藏住縫線一邊以立針縫縫合。縫至邊角後停針，將內摺時疊合的部分剪掉，邊角就不會太厚，這樣就能製作漂亮的成品。

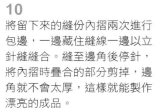
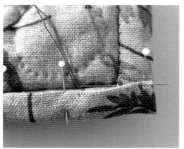

16
保持摺好的形狀，一邊壓一邊從邊角翻回正面。

11
到下一個邊角時再內摺兩次後以珠針固定，將針穿出布面由布邊出針。

12
以細密的立針縫縫合。

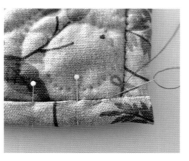

17
翻回正面後，以錐子從邊角稍遠處戳入，調整形狀。

13
完成包邊。

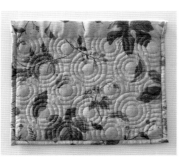
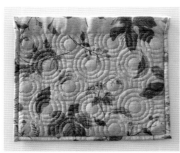

20
製作兩條提把。準備兩組棉襯、裁剪成斜紋布條的表布，與裁剪成直紋布條的裡布。

21
棉襯與表布正面相對疊合，再將裡布疊合到表布上。

18
這樣就能將邊角漂亮地翻回正面。

19
以別布裁剪出寬3.5cm的斜紋布條，沿袋口完成線的位置以全回針縫縫合固定。（參考P.13）

22
距布邊0.5cm處車縫。

23
修棉。

24
將提把套上返裡器，一手握住布端，將針穿過布後，將提把翻回正面。

25
以熨斗整理形狀，車縫兩側邊線與中心線。

26
提把疏縫固定於袋身，疊合在預定縫合斜紋布條的縫線後車縫。

27
保留0.7cm的縫份，其餘剪掉。翻到裡側，斜紋布條往內摺兩褶，以立針縫細密地縫合起來。

28
完成滾邊。
29
將提把立起，滾邊邊緣與提把正面以藏針縫縫合，要盡量隱密一點。

30
包包完成了！

Lesson 3

1

要縫合扇形布片時，在紙型弧線的中間點作記號，布片也要加上記號。

2

其餘布片也以同樣方式加上記號。

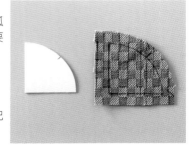

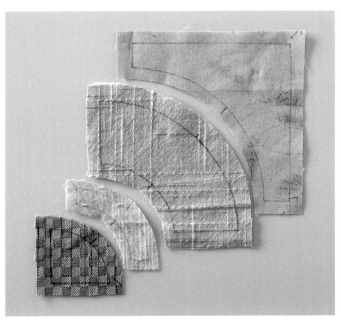

3

因為正面要進行貼布縫，所以要讓完成線清楚地顯現出來，建議在布的反面以骨筆壓痕。如果能在拼布板之類柔軟的東西上進行，會更容易作業。下圖是正面圖。

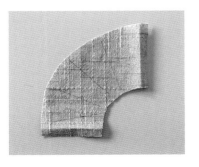

4

裁剪拼布縫所需的斜紋布條。在切割墊上以裁尺、裁刀進行裁布，就能輕鬆又漂亮地裁剪布料。

5

以不規則粗細的布條進行貼布縫會讓作品更為有趣，可隨意改變寬度。

6

準備各種顏色與花紋的布條，寬約1.5cm至2cm。

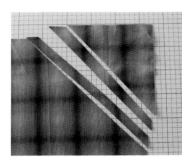

7

以鉛筆在布片上隨意畫上貼布縫縫線的位置。貼布縫用的斜紋布條加上0.5cm縫份，對齊記號線正面相對疊合，以珠針固定，再從布邊到布邊細密地縫合。

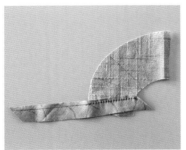

8

將貼布縫用布翻回正面，以骨筆壓實。

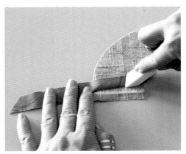

9

剪掉多餘的布料。

10

將布邊摺入0.5cm，以珠針固定，從布邊開始縫合。先從布料內摺處出針。

11

從出針處輕挑過底布，再從貼布縫布出針，這稱為立針縫。

12

這是縫合一片貼布縫後的樣子。盡量以細密的藏針縫縫合。下圖是背面。

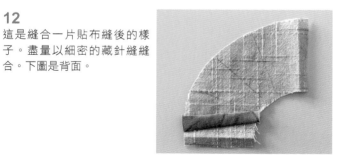

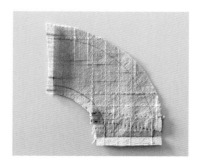

13

一邊調整整體平衡，一邊加上四、五條貼布縫。

14

縫合弧度不同的布片。布片正面相對疊合，對齊中心的記號，再以珠針固定。

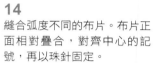

15

以珠針固定邊角。

16

手拿布片，注意曲線弧度，中間加兩根珠針固定。

17
如圖讓布呈現出弧度，再進行細密的平針縫。

18
以回針縫起針，從布端開始縫，到中心的記號處時再進行一針回針縫，暫時停針。

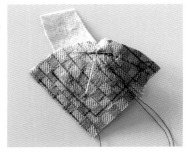

19
再繼續對齊角度以珠針固定，調整弧度，中間以兩根珠針固定。

20
與步驟17作法相同，以細密的平針縫縫合，完結處以一針回針縫收尾。

21
背面圖。如果不一邊調整弧度一邊縫合，就無法漂亮地翻回正面。

22
翻開布片，縫份往下倒。下圖為背面。

23
加上貼布縫的布片也以同樣的方式拼縫。

24
最外側的布片也以相同作法接縫在一起。以此方式製作16塊布塊。

25

將四片布塊拼縫成列，共製作四列。將縫份距縫線0.1cm處壓緊（參考P.8步驟7），並倒向同一側。

26

再將四列布片接縫。將縫份距縫線0.1cm壓實，並往下倒。

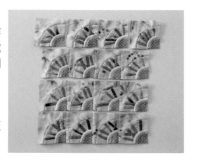

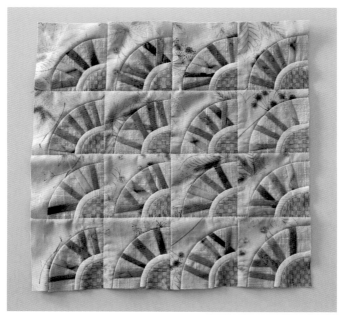

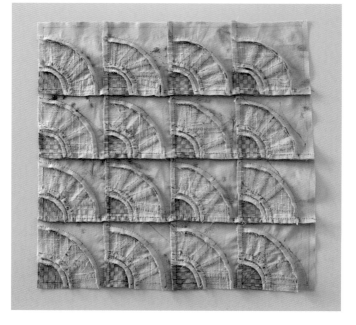

27

製作四條邊框布條。依步驟7至13的方式，隨意地加上貼布縫。

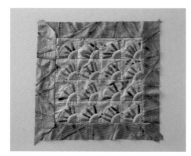

28

與表布接縫，邊框布條僅縫合記號到記號處，斜角部分尚不縫。

29

斜角部分正面相對疊合，從記號處至記號前0.7cm處為止，細密地縫合，並以一針回針縫收尾。

30

加上邊框布條後的布片。

31

將布片放在止滑板上畫出壓縫線。邊框布條是自由的波形，中間的表布畫出等距的圓形。畫好壓縫線後，將裡布、棉襯、表布依序疊合並縫合四邊。（參考P.10、P.11）

32
45cm以上的作品請以壓線框撐開。將螺絲完全鬆開，將拼布框在壓線框上。以手掌沿著壓線框的邊緣，稍微留點鬆度，再將壓線框的螺絲拴緊。

36
完成壓線。

37
裁剪滾邊用（寬3.5cm）的斜紋布條，以全回針縫縫製，僅留下0.7cm縫份，內摺兩次包邊縫合。（參考P.13、P.14）

33
將壓線框夾在桌子與身體腹部間固定。如果不依圖中的方式讓布片適度的隆起，就無法將裡布緊密縫合。壓線的進行方式是從中心朝外縫。而為了要方便壓線，請一邊轉動壓線框，一邊調整位置縫製。

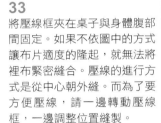

34
壓線時，針從布面下以左手食指上的頂針傾斜地將布推起，右手拿針筆直地刺入，針尖頂到頂針。

35
碰到頂針後，傾斜針尖出針。重複同樣的動作，每縫三、四針後就出針，順手之後一次就可以縫製五、六針。
收針方式可以參考P.11。

38
小壁飾完成了！

Lesson 4

1

這是Lesson3的壁飾變化款包包。關於布片的拼縫方式請參考P.23至P.25。製作九塊布片，每三片接縫後成一列，再將三列縫合。

2

單邊縫上邊框布條，縫份倒向邊框布條的一側。

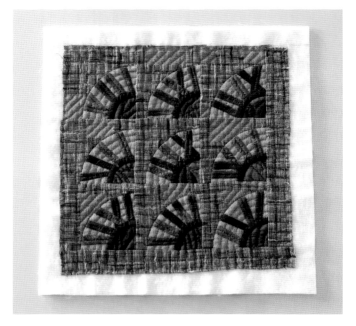

3

完成表布後畫上壓縫線，將裡布、棉襯、表布依序疊合後疏縫。以文鎮輔助壓線。（參考P.10、P.11）

4

後片使用一整塊布。裡布、棉襯、表布依序疊合後疏縫，再配合布的圖案壓線。

5

從正面以珠針固定，在背面畫上完成線（參考P.18），前片與後片正面相對疊合後縫合。剪掉多餘的縫份，其中一塊裡布的縫份拿來包邊，所以留下2.5cm，其他的縫份僅保留0.7cm。

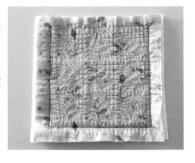

6

將裡布內摺兩次包住縫份，以細密的立針縫縫合（參考P.19）。漂亮翻轉邊角的方法請參考P.19。

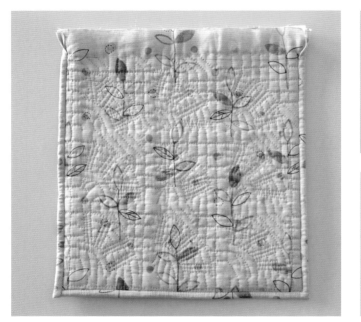

7

以別布裁剪出3.5cm的滾邊用斜紋布條（參考P.13）。在完成線的位置上正面相對對齊後，以全回針縫縫合固定。

8

製作提把。提把裡布剪至寬7cm左右，在背面的完成位置（寬約4cm）熨貼布襯。棉襯與表布裁剪成完成尺寸。

9

提把裡布的背面依序疊上棉襯、表布後，從距表布布邊0.5cm處與中央部位車縫裝飾線。

10

裡布兩側內摺兩次，讓邊緣看不出縫合痕跡，以細密的立針縫縫合。

11
製作兩條提把。

12
對摺提把的中心部分，僅挑起裡布以捲針縫縫合約8cm。

13
將提把疏縫於內側，疊合在滾邊的縫線上，車縫固定。

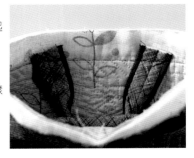

14
剪掉包口部分多餘的縫份，縫上斜紋布條，將提把立起後再縫製（參考P.21）。這樣就完成囉！

1

這款包包前片加上了貼布縫。在燈箱（燈桌）上將原寸紙型案複寫到紙上，再蓋上布，以2B鉛筆或布用消失筆描繪圖案。如果沒有燈桌，也可以利用窗戶，透過陽光來進行複寫。

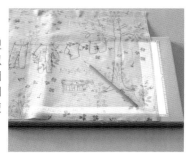

2

在要進行貼布縫布片的正面畫上記號，加上0.3cm的縫份後裁剪。樹枝等疊合處多加一點縫份後裁剪。

3

進行樹枝貼布縫。以小型珠針固定。

4

將底布與貼布縫布一起拿起，以針尖將貼布縫的縫份摺入完成線內，再由摺線處出針進行貼布縫。

5

針尖輕挑過底布，再從貼布縫摺起的邊緣出針。這就是立針縫。

6

樹枝完成囉！幾乎看不到針目，表示縫得很細密。在縫葉片與樹枝時，布端不需縫合，先放著不管也沒關係。

7

以與步驟6相同的方法將樹枝交疊後縫合。左圖是從背面圖。如果縫線與貼布縫使用同色系的線，就不會很顯眼。

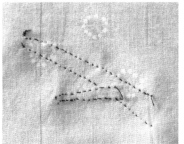

12
在彎曲處剪V字牙口,以針尖由外向內一邊回轉一邊拉線調整,讓縫份漂亮地摺入。

8
這是彎曲處與前端的縫法。在弧度較大處盡量貼近記號線剪牙口。

9
仔細地一點一點製作出弧度,再以立針縫縫合。

10
樹根末端先向內斜摺一次。

13
完成根部囉!

11
再壓緊讓布料全部收入。以此方式重複兩三次至製作出形狀。

14
以同樣的方法進行籃子的貼布縫。

17
上下兩側加上邊框布條，縫份倒向邊框布條。

18
裡布、棉襯、表布依序疊合進行疏縫，因為尺寸關係無法使用壓線框，所以使用文鎮來輔助壓線（參考P.10、P.11）。沿著貼布縫的四周落針縫。後片是一塊布，配合花紋縫上等距的直線壓線。

15
貼布縫完成後就開始進行刺繡。刺繡時使用小刺繡框會讓作業更順利。

16
完成表布。

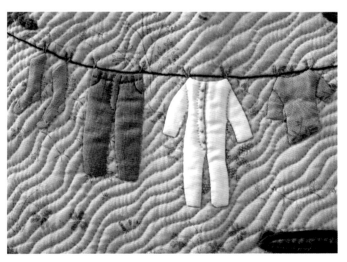

24
抓底7cm。

19
背面畫上完成線的記號（參考
P.18），前片與後片正面相對
疊合後車縫。其中一塊裡布留
下2.5cm的縫份，其他的縫份
僅留下0.7cm。

25
與裡布相同布料的斜紋布條
（2.5×9cm），疊在側邊的縫
線上後車縫。留下0.7cm縫
份，其餘剪掉。

20
因為是要製作邊角的設計，為
了作業時不會滑動，側邊與底
邊縫份分別倒向不同的方向。

21
將縫份內摺兩次包邊，藏住針
目，以藏針縫細密地縫合。

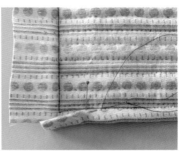

26
縫份倒向底部，以斜紋布條包
邊後收尾。

27
完成本體囉！

22
將底壓平，縫份內摺兩次後包
邊，進行藏針縫。

23
布端留下2至3cm不縫。

28
製作提把。準備兩條3×26cm
的織帶，與1.5×26cm的皮革
帶。將皮革帶與織帶縫合，挑
選同色縫線，比較不顯眼。

31
立起提把，並將斜紋布條翻回
正面，縫份內摺兩次後，以立
針縫細密地縫合在一起。

32
包包完成了！

29
完成兩條提把囉！

30
將提把疏縫固定於本體正面，
以裡布製作寬2.5cm的斜紋布
條，疊上本體後車縫。縫份
0.7cm。

Lesson 6

1

拼縫條紋布片。各布塊是以各種不同粗細長短的布條自由拼湊而製成。

2

雖是依自己喜好的長度拼湊，建議將紙型放在布下，考慮縫份的大小後再縫合。至於縫份的倒向，就依個人喜好囉！

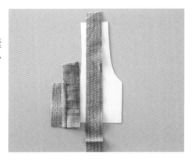

3

接縫好一片布塊後，背面疊上紙型畫上完成線，僅預留2至3cm的縫份。

6

將裡布、棉襯、表布依序疊合後進行疏縫，使用文鎮輔助壓線（參考P10、P.11）。

4

六片布塊接縫後的模樣。在一些地方加上色彩較重的小布片會成為顯眼的點綴。將布塊上下接縫成三行。將縫份往下倒。

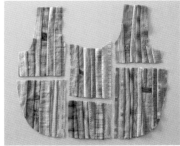

7

完成後疊上紙型，畫上完成線。

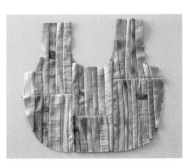

5

將三行拼縫在一起後，就完成表布了。再製作一片同樣的布片。

8

袋底縫褶處疏縫固定後車縫。

9

袋底兩側縫褶的縫份都往外側
倒，在本體裡布以細密的立針
縫縫合。
將另一片本體的縫褶縫份都壓
往內側倒後縫合。

13

留下0.7cm縫份，側邊的彎曲
處剪牙口。

10

將一片本體布對摺，提把的部
分進行車縫。比起完成線再多
往外側縫0.7cm左右。

14

將斜紋布條翻回內側，調整形
狀。

15

包裹縫份以珠針固定一圈，以
立針縫細密地縫合。

16

側邊完成囉！也以同樣方式完
成另一邊。

11

其中一片的縫份留下1.5cm，
其他的縫份留下0.7cm，其餘
修剪掉後，再將縫份內摺，以
立針縫固定。

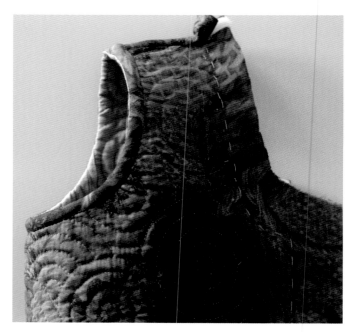

12

處理提把的布邊。以裡布製作
寬2.5cm的斜紋布條，疊放在
提把正面，因為曲線比較長，
布端所以多疊合約2cm，沿著
完成線車縫。

17
將兩片包身本體正面相對疊合，疏縫固定後車縫。步驟9是將縫份倒向交錯，所以可以很輕鬆縫合袋底。

21
提把內側的布邊，與寬2.5cm的斜紋布條正面疊合後車縫，縫份0.7cm。

22
將斜紋布條翻回內側，包裹縫份，以細密的立針縫縫合。

18
僅一片裡布留下2cm縫份，其他的留下0.7cm的縫份。

19
以預留的裡布包裹縫份，細密地進行立針縫。

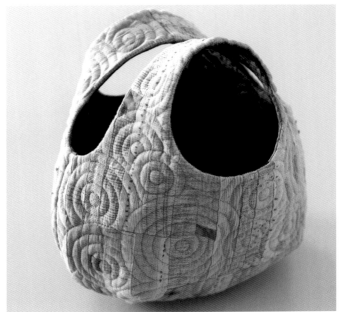

20
袋底完成！

23
條紋手拿包完成！

Lesson 7

材料・紙型P.88

到布邊
從記號處

1
這是星形鎖鏈的拼布。即使是同樣的紙型也會發生方向不同的問題，所以在紙型上標註記號，裁剪布料時就不會出錯。

2
首先，將三片布片接縫。

3
布片正面相對疊合，作上記號，從記號處縫到布邊。起針與收針都進行一針回針縫。距縫線0.1cm處摺疊縫份（參考P.8），將縫份倒向外側。

4
製作四片相同的布片。如果布料有色差，請將縫份倒向深色布料的一側。

5
分別縫製上下的兩片布片。從記號處縫至布邊，縫份倒向內側。拼縫中心的四片布片，從記號處縫到布邊。

6
將中心的布片對齊縫合。如圖，若要縫合不同角度的布片時，可先縫合一半。一開始先在中心和布端的完成線以珠針固定，從記號處縫到中心的紀號，進行一針回針縫後先停針。

7
另一半對齊後也以珠針固定，避開縫份從另一邊出針。

8
沿著完成線細密地縫合，收針處進行一針回針縫。

9

將中心的布片翻回正面，縫份倒向中心。另一片的做法相同。

12

與步驟6一樣，先以珠針固定半邊布片。從布邊縫至中心的記號為止，避開縫份，將針從另一邊穿出後繼續縫合。

13

完成一半後先進行一針回針縫後停針，剩下的部分以珠針固定後再繼續縫合到完成。

10

拼縫步驟9的兩片布片，從記號處縫到記號處。

11

將三列布片接縫起來。

14

以同樣的方式拼縫，就可完成一片布塊。

15
製作相同的六片拼布塊。

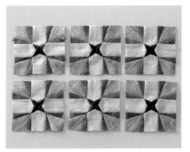

19
在完成的表布繡上圖案。刺繡部分在壓線前全部完成。

20
完成刺繡後開始畫上壓縫線（參考P.10）。

16
將三片拼布塊接縫成列。每列縫份倒往相反方向。

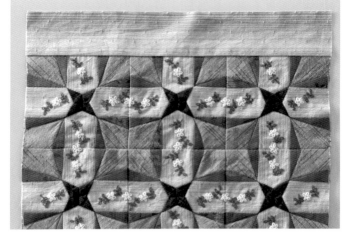

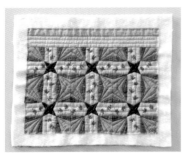

21
將裡布、棉襯、表布依序疊合後疏縫，再進行壓線（參考P.10、P.11）。

17
將兩列接縫在一起，縫份往下倒。

18
縫合包口布，縫份往上倒。

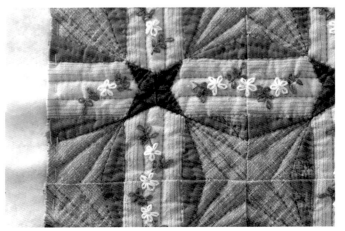

22

後片為一塊布。裡布、棉襯、表布依序疊合後疏縫，進行斜格式壓線。

26

後片作法亦同，將側邊與後片縫合。側邊的裡布為2cm，其餘縫份為0.7cm。

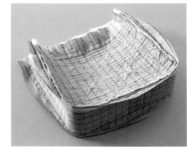

27

側邊的縫份倒向本體，以立針縫細密地縫製。

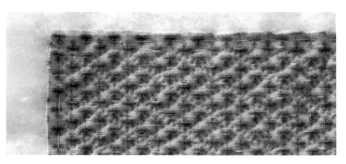

23

製作側邊布。在裡布的完成位置上燙貼布襯，準備好棉襯與表布。

24

裡布、棉襯、表布依序疊合後疏縫，進行格狀壓線。側邊的部分較厚實，建議機縫壓線。

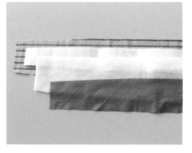

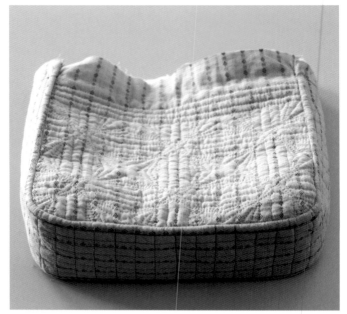

25

將側邊與前片正面相對，疏縫後縫合。

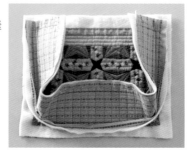

28

製作提把的垂片。將裡布依完成線燙貼布襯，準備好裁剪成斜紋布的表布、棉襯。加上0.5cm的縫份。

29

由下而上依序疊合棉襯、表布、裡布。表布與裡布正面相對，車縫兩側後修棉，再以返裡器翻回正面（參考P.20），兩側與正中央車縫裝飾線。製作四片相同的布片。

30
垂片穿過木製提把，疏縫固定。

33
安裝提把後的模樣。如果是機縫，提把可能會移位，所以不要怕麻煩，如果是比較厚的提把還是以手縫固定。

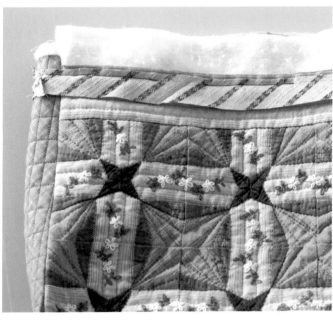

34
包口僅留下0.7cm的縫份，再將縫份內摺後進行細密的立針縫。

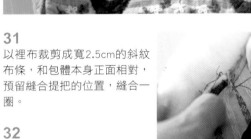

31
以裡布裁剪成寬2.5cm的斜紋布條，和包體本身正面相對，預留縫合提把的位置，縫合一圈。

32
提把從正面插入，取較長的針，以全回針縫一針一針地縫合固定。

35
包包完成了。

Lesson **8**

1

準備貼布縫用的布片，背面加
上0.7cm縫份的記號後裁剪。

2

從記號處向外0.5cm縫合，也
同樣在外側0.5cm收針。起針
與收針都進行一針回針縫，縫
份倒向中心。

3

以同樣方式接縫各部分需要疊
合的小布片。先接縫三片，縫
份往中央倒。

4

與中央的布片接縫，縫份往中
央倒。

5

拼縫完成的布塊。

6

距布邊0.4cm處以一股線進行
平針縫。以與明信片差不多厚
度的紙板剪出紙型。

7

將紙型放進布片內，將線拉緊
固定，調整形狀。

8
製作各式布片,前後片各需準
備10片。

9
將塞著紙型的布片放在表布
上,以珠針固定,再以立針縫
繞外圍縫合一圈。

10
完成10個布片後的模樣。

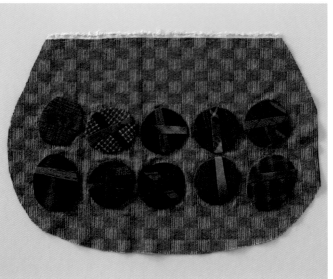

11
縫完後翻轉到背面,在距縫線
0.7cm處入刀,沿線剪一圈。

12
從裡面抽出紙型,如此便可以
製作出美觀的貼布縫作品。其
餘的布片也以同樣的方式將紙
型取出。

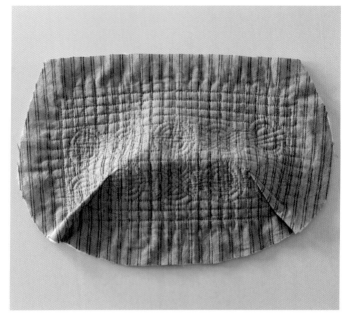

13
完成貼布縫後畫上壓縫線，裡布、棉襯、表布依序疊合後疏縫，再進行壓線（參考P.10、P.11）。

14
從正面疊上紙型，上方的兩個邊角與中央處以珠針固定。只有上方包口部分畫上縫線記號。

15
翻到背面，在兩根珠針交叉點作記號，再比對一次紙型，以鉛筆或布用消失筆畫上記號。

16
製作縫褶。縫份倒向中心，將褶邊以立針縫細密地縫合。

17
製作釦帶。沿裡布的完成線熨貼布襯，準備好裁成斜紋布的表布與棉襯。

18
將表布與裡布正面相對（裡布在上），疊放在棉襯上，沿布襯邊緣縫合，修剪棉襯到縫線邊緣。曲線段的縫份以平針縫固定，翻回正面，距布邊0.5cm車縫。

19

將釦帶以珠針固定在本體正面。以與裡布相同的布料製作寬2.5cm的斜紋布條（參考P.13的步驟1至3）。將斜紋布條與本體正面相對疊合，並縫合固定。

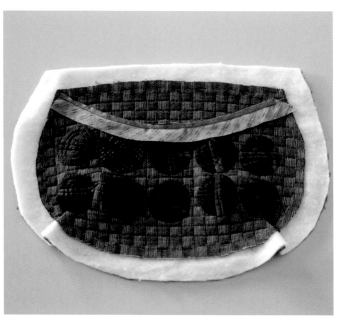

20

車縫，僅留下0.7cm的縫份，其餘剪掉。

21

將斜紋布條翻回到背面包住縫份，以立針縫細密地縫合。

22

製作側邊提把。準備背面貼上完成形狀布襯的裡布、棉襯、表布。

23

裡布加上棉襯，再疊上表布，配合表布的花紋進行格狀壓線。

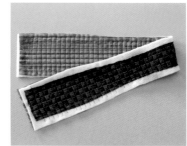

24

提把布正面對摺車縫。裡布留下2cm的縫份，棉襯、表布留下0.7cm的縫份。

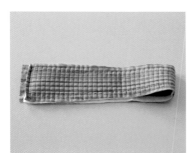

25

以裡布縫份包邊後進行細密的立針縫。

26

將側邊提把的縫線當作底部中心，與本體正面相對並疏縫，再車縫固定。

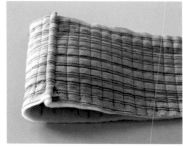
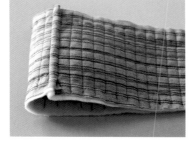

27
以與裡布相同的布料裁成寬
2.5cm的斜紋布條，長度與側
邊提把的長度相同，與縫線疊
合後車縫。提把的部分也是依
完成線車縫固定。

28
僅留下0.7cm的縫份，其餘的
縫份剪掉。以斜紋布條包邊進
行細密的立針縫。

29
本體製作完成。

30
安裝包口處的磁釦部分時，將
磁鐵的形狀畫在布上，加上
0.7cm的縫份。在縫份處以一
股線進行平針縫。

31
標示正極與負極的一面朝上，
放進布內後抽線，拉緊後進行
一針回針縫，線端打結。

32
如果搞錯磁釦方向會無法產生
吸力，所以要特別注意。

33
以立針縫縫在接近釦帶的下
方。

34
包包完成了。

Lesson 9

1

這是長方形拼布。準備好自己喜歡的布料,每列八片,加上0.7cm的縫份,在背面作上記號。

2

將每兩片拼縫在一起,距縫線0.1cm處壓實,並倒向深色布一側(參考P.8)。

3

將布片拼縫成一列,縫份倒向深色布一側。

4

共製作八條。調整色彩配置時,要考慮到裁剪不需要的部分,再作調整。

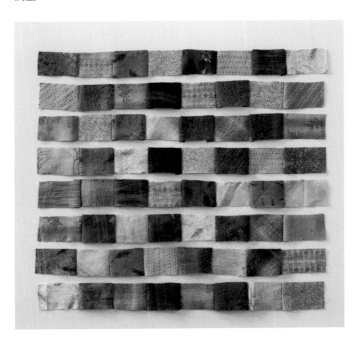

5

將八列布條如圖般交錯拼縫,縫份往下倒。

6

與接邊布縫合,距縫線0.1cm處壓實後,縫份往上倒。

7

縫好後畫上壓縫線,依序將裡布、棉襯、表布疊合後疏縫,進行壓線(參考P.10、P.11)。前、後片作法相同。包口布為一塊布,疊上棉襯、裡布後壓線。

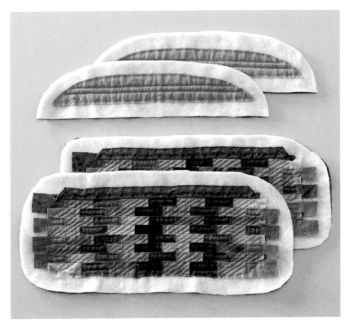

8
製作拉鍊擋布。準備好棉襯、表布、貼上完成形狀布襯的裡布。拉鍊的作法請參考P.60。表布與拉鍊正面相對疊合。

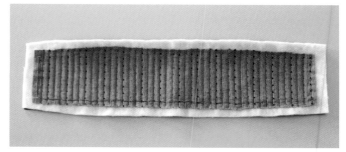

13
將裡布與表布背面相對疊合，夾入棉襯後縫合。依照花紋進行壓線。

14
製作兩片側耳。將裁剪成斜紋布的表布和裡布正面相對疊合，再疊在棉襯上車縫。翻回正面後，距布邊0.5cm處壓縫。

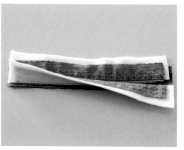
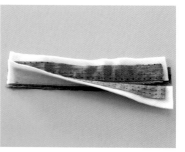

9
再疊上裡布與棉襯，車縫。沿縫線的邊緣修棉，翻回正面後進行修整。

10
拉鍊的另一邊也同樣用棉襯、表布、裡布夾縫。

15
與在拉鍊擋布兩端疏縫固定兩個側耳，並與側邊布對齊後縫合。

16
側邊的裡布留下縫份2.5cm，其他縫份留下0.7cm，包邊，縫份倒向側邊。

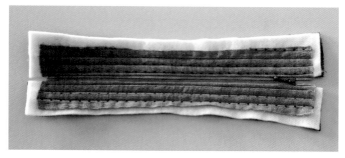

11
將拉鍊擋布依照花紋進行壓線。

12
製作側邊。準備好貼上完成形狀布襯的裡布、棉襯、表布。

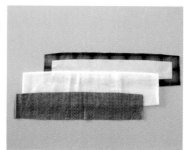

17
縫製兩條提把。在棉襯上將提把布正面相對疊合，車縫兩側，修棉後利用返裡器翻回正面，中央線車縫。疊放在麻帶上，兩側用車縫固定。

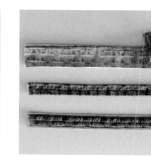

18

將本體與包口布夾住提把，正面相對縫合。包口布的裡布留下2.5cm縫份，其餘的縫份只留下0.7cm。

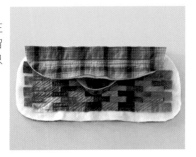

22

以斜紋布條進行包邊，縫份為0.7cm，縫份倒向本體，再以立針縫細密地縫合。

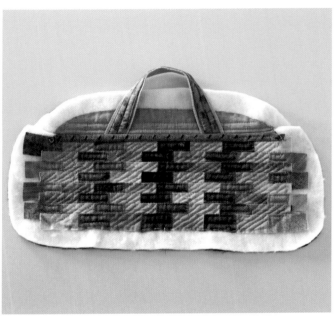

23

拉鍊頭加上串珠作為裝飾。

19

以裡布進行包邊，在本體內側以立針縫細密地縫合（參考P.41）。

20

將本體及與側邊縫合的拉鍊擋布縫合。為了預防車縫時滑動，仔細疏縫後再縫合吧！在縫另一側時，先將拉鍊拉開後再縫合，否則就無法翻回正面。

21

以與裡布同樣的布料作成寬2.5cm的斜紋布條，疊上側邊的縫線。

24

完成了。

Lesson 10

1
因為布片是傾斜的形狀，裁剪布料時是使用紙型的背面。作業時不要弄錯方向。在背面加上0.7cm的縫份後裁剪。

2
將三片布片對齊後拼縫。距縫份0.1cm處壓實，將縫份往深色布側倒。

3
背面圖。起針與收針都再多加縫0.5cm。

4
共製作六組，接縫成一列，共製作七列。每列疊合部分的縫份要交錯。

5
完成七列的模樣。完成後畫上壓縫線。

6
背面圖。縫份往下方倒。

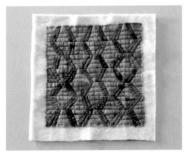

7
裡布、棉襯、表布依序疊合後上疏縫，再進行壓線（參考P.10、P.11）。完成壓線後，從正面疊上紙型，畫上完成線記號。

8

製作拉鍊擋布。準備好表布、棉襯、貼上完成形狀布襯的裡布。棉襯與裡布的縫份留多一點。

9

將裡布與表布背面相對，中間夾入棉襯，周圍疏縫一圈。車縫兩道間隔0.8cm的壓線。

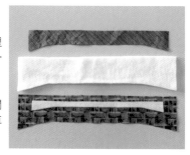

12

拔下末端的拉鍊擋片。這時候使用鉗子可能不太好作業，將擋片前一個拉鍊齒也拔下來，會比較容易進行。

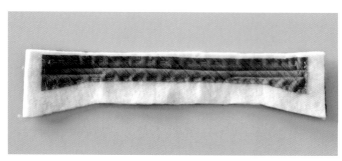

13

為了讓擋片方便夾住布料，所以用鉗子稍微扳開一些。

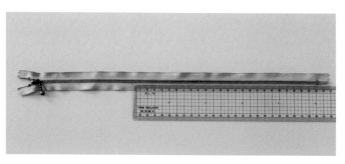

14

將擋片固定在記號處，以鉗子夾緊。

10

完成拉鍊擋布的壓線後，再測量一次正確尺寸。將拉鍊調整成比完成尺寸少1cm。量好位置後以鉛筆標示記號。

11

以專用鉗拔掉拉記號上方2cm左右的拉鍊齒。

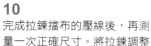

15

另一片也以同樣的方式調整，留下2cm左右後，將其餘部分剪掉。

16

拉鍊和拉鍊擋布的中心都以珠針作上記號。

17
將拉鍊與拉鍊擋布的中心正面相對。

18
沿完成線位置縫合。

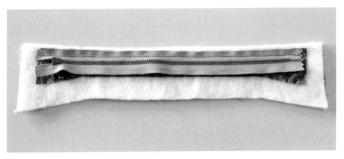

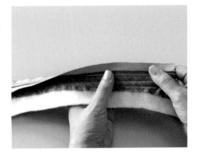

19
沿著拉鍊的布邊,修剪縫份,再把拉鍊翻回正面。

20
背面的拉鍊邊緣以縫份包住後,與裡布縫合。

21
另一片也縫上拉鍊擋布。

22
背面圖。

23
製作兩片側耳。準備好裁剪成5×8cm的布片,正面相對對摺,距布邊1cm處車縫,將縫線調整到中央,以熨斗燙開縫份,翻回正面。

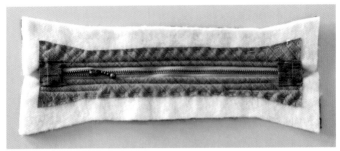

24
在拉鍊兩端以珠針將側耳固定。

25
製作側邊。準備好貼上完成形狀布襯的裡布、棉襯、裁剪成斜紋布的表布。表布加上1cm左右的縫份,裡布與棉襯則加較多的縫份。

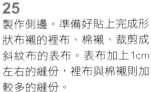

26
以圖示順序,由下而上依序疊合側邊的裡布、拉鍊擋布、側邊的表布、棉襯並縫合,裡布與表布正面相對對齊。

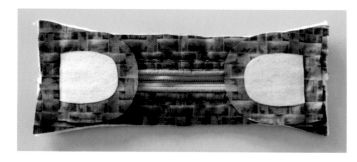

29
將側邊翻回正面。

27
要縫合的時候，從裡布開始沿著布襯的邊緣縫合。

28
沿縫線的邊緣修棉。

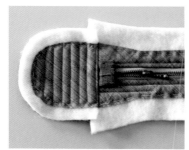

30
側邊四周疏縫，間隔1cm壓線。

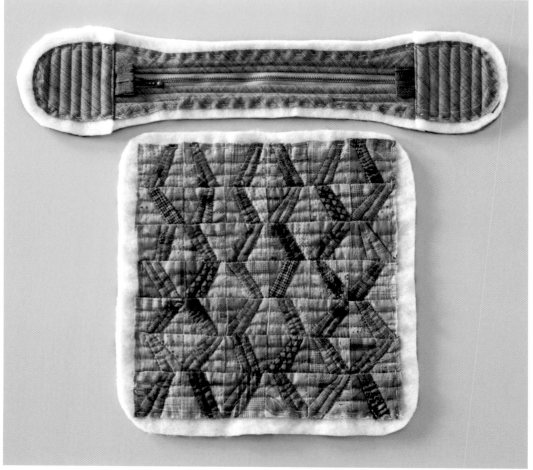

31
為了讓本體與拉鍊擋布容易縫合，修整多留下來的縫份。

32
將本體與拉鍊布背面相對疏縫
後，車縫。

35
本體完成了。
36
拆掉拉鍊頭，穿過皮繩打一次
結。再穿過木珠，在頂端打
結，將多餘部分剪掉。
37
化妝包完成了。

33
準備好寬3.5cm的滾邊布。與
本體正面相對疊合，沿本體進
行包邊。

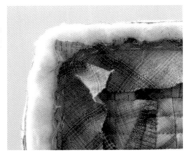

34
縫份與斜紋布均預留0.7cm後
其餘剪掉。以滾邊布包邊後，
以細密的立針縫縫合。

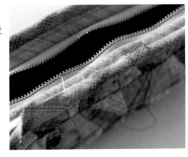

Lesson 11

1
畫上貼布縫的圖案。

2
進行花莖部分的貼布縫。裁剪寬1cm的斜紋布條，和底布正面相對疊合，距邊0.3cm沿著圖案縫合。起針與收針都進行一針回針縫。再將多餘的斜紋布剪掉。

3
將斜紋布翻起，一邊以針尖將布邊向內摺，一邊以細密的立針縫縫合。

4
先將短花莖貼縫完後，再加上長的花莖貼布縫。

5
進行花瓣的貼布縫。在背側沿著完成線以骨筆壓出線條。

6
摺疊完成線，以骨筆代替熨斗壓平，讓褶線更為明顯。

7
壓出線條後，摺疊起來壓平。就可以摺出正確又漂亮的布片。

8
摺疊起來的邊緣以立針縫貼縫。若露出布邊，就用針尖一邊內摺一邊進行藏針縫。

11
準備四組棉襯、裡布、表布。在表布上畫上壓縫線。

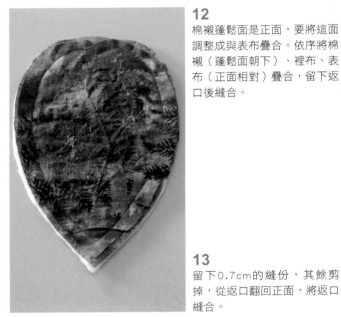

12
棉襯蓬鬆面是正面，要將這面調整成與表布疊合。依序將棉襯（蓬鬆面朝下）、裡布、表布（正面相對）疊合，留下返口後縫合。

13
留下0.7cm的縫份，其餘剪掉，從返口翻回正面，將返口縫合。

9
花蕊的貼布縫從正面畫上記號，加上0.3cm的縫份。以珠針將布片固定在中心，與步驟3一樣，一邊以針尖向內摺一邊進行藏針縫。

10
完成花的貼布縫後，下面的裝飾布也以同樣方式加上貼布縫。製作四組布片。

14
疏縫，使用文鎮輔助壓線。放在燙板柔軟的那面上，以文鎮壓住讓布片不會移動再進行壓線。縫合的時候可利用與桌子之間的空隙會更方便作業。

15
壓線完成。貼布縫四周加上落針縫。葉片中壓上葉脈。

16
製作四片本體布。

17
壓線完成後，以紙型畫上完成線。

18
將兩片本體布正面相對疊合，只挑縫表布進行捲針縫。首先，從離起針處下方0.5cm開始朝起針處縫進行捲針縫，到起針處後再一路縫回到下方。

19

由上而下手縫完成。盡量讓針目細密一些。下圖是正面圖。從正面完全看不到縫合痕跡。

20

然後再一次從背面縫合，這次只挑縫裡布。這樣可以縫出牢固的作品。

21

線拉緊一點可以縫出漂亮的成品。

22

完成兩組。

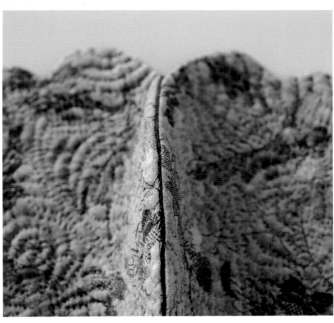

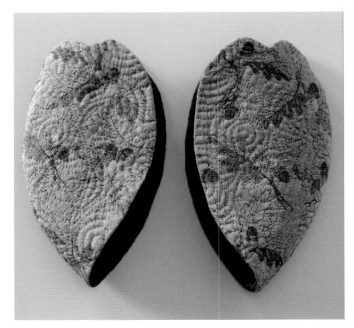

23
縫合兩組本體，作法相同。這樣就完成了。

26
將提把與本體以藏針縫縫合。

27
完成！

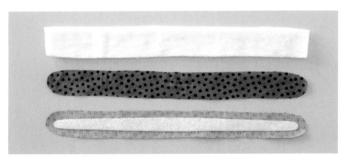

24
製作兩條提把。準備棉襯、表布、貼上完成形狀布襯的裡布。表布使用兩種布料。

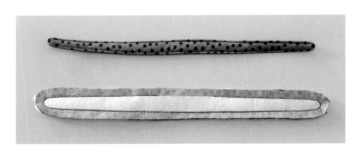

25
表布與裡布正面相對，裡布在上，再重疊於棉襯上，沿著布襯的邊緣車縫，留下返口後縫合。翻回正面後將返口縫合四周車縫一圈。

1

製作枝幹的貼布縫。在背面作記號，加上0.7cm的縫份後裁剪。裁剪布料的時候要注意紙型的正反面。

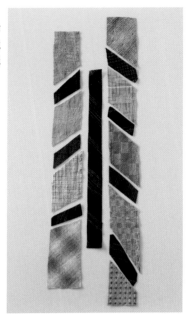

4

背面圖。中心布片的縫份也倒向深色布。

5

製作五列，拼縫成前片。

6

拼縫五列布片，完成前片的表布。

2

拼縫左右兩側的布片。距縫份0.1cm處壓實，縫份倒向深色布（參考P.8）。

3

與中心縫合。

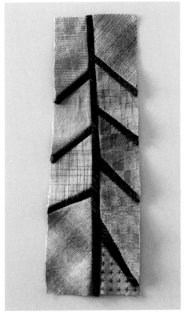

7

後片的拼接圖案與前片對稱。
下圖為後片。

8

與包口布接縫，縫份往包口布
一側倒。

10

製作包口布的貼邊布。燙上完
成形狀的布襯。

9

表布完成後畫上壓縫線，依序
疊合裡布、棉襯、表布，使用
文鎮輔助壓線（參考P.10、
P.11）。沿枝幹四周進行落針
縫。

11

外側弧線部分的縫份以平針縫
作縮縫，以熨斗摺疊出完成
線。

12

包口布與本體正面相對對齊後
縫合。縫份0.7cm。

13
縫份的弧形部分剪牙口，將貼邊布翻到背面。

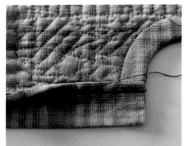

17
以縫份包邊，與本體背面縫合。

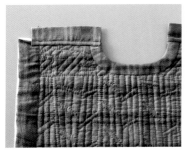

18
另一邊的作法相同。

19
在包口布的布邊，提把布摺向背面，以細密的立針縫與裡布縫合。

20
本體前、後片正面相對疊合，底邊縫合。一片裡布留下2.5cm的縫份，其餘縫份為0.7cm。

14
貼邊布的布邊與本體裡布縫合。

15
製作提把布四片。在布片背面上貼上布襯。正面相對對摺，縫合一端的完成線。

16
翻回正面與本體縫合。留下一片內側的縫份後，將其他的縫份全裁剪成0.7cm。

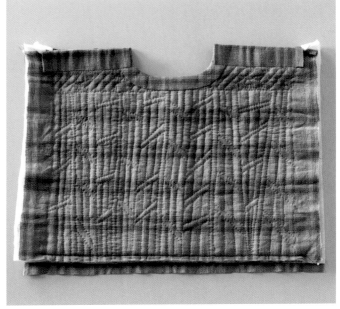

21

以縫份包邊，倒向一側，以藏針縫與裡布縫合。

22

完成本體的製作。

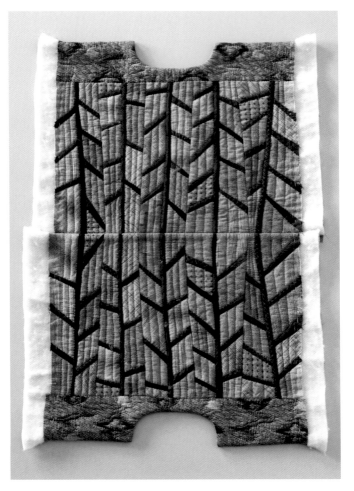

23

製作兩片側邊布。準備表布、棉襯、貼上完成形狀布襯的裡布。裡布與棉襯比完成線多預留2cm的縫份。

24

表布與裡布正面相對，再置放放在棉襯上，沿裡布的布襯邊緣車縫。

25

修棉。

26

翻回正面調整形狀，四周疏縫。

27

配合布紋進行壓線。

28
側邊與本體背面相對縫合。

32
邊角先從上方摺下後再包邊。

33
文件夾完成了。

29
包邊收尾。裁剪寬3.5cm的斜紋布條（參考P.13），與側邊疊合後縫合。留下0.7cm的縫份，以斜紋布條包邊，沿縫線進行藏針縫。

30
將另一側邊縫合，斜紋布條上方留下可以讓提把通過的5cm左右後縫合。穿過提把後再將布端收邊。

31
穿過提把後，將未縫合的部分完成。留下0.7cm的縫份，以斜紋布條包邊。

Lesson 13

4
在完成的表布上畫上壓縫線，
依序疊合補強布、棉襯、表布
後縫合（參考P.10、P.11）。
以剩餘的白布作為補強布就可
以了。

5
貼布縫四周進行落針縫，避開
貼布縫與刺繡，進行壓線。

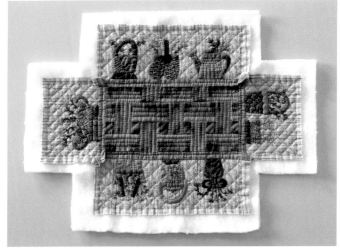

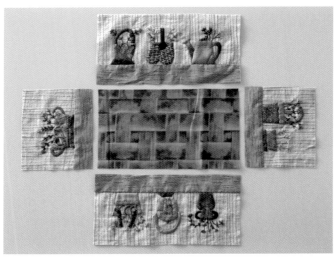

1
側片畫上圖案（參考P.33），
與接邊布縫合後加上貼布縫與
刺繡。貼布縫的方法請參考
P.33、P.34。
2
準備一塊底布、四片側邊布。
3
將底布與側邊布以全回針縫從
記號處縫到記號處，縫份倒向
底布。

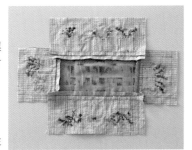

6

製作四片裝飾布。將兩片裝飾
布正面相對疊合，再疊放在棉
襯上。

7

縫出波形曲線。沿著縫線邊緣
修棉，凹處剪牙口。

8

將裝飾布翻回正面，在完成線
的下方縫合固定。

9

側邊布車縫裝飾布。

10

將本體與裡布正面相對疊合，
側邊從記號處車縫到記號處，
縫份留下0.7cm。四個凹角處
剪牙口。

11

翻回正面，修整形狀。

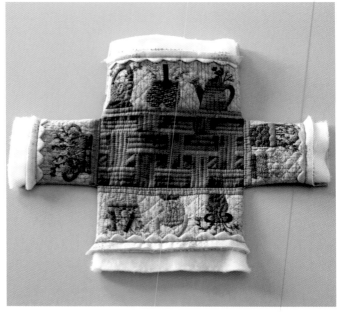

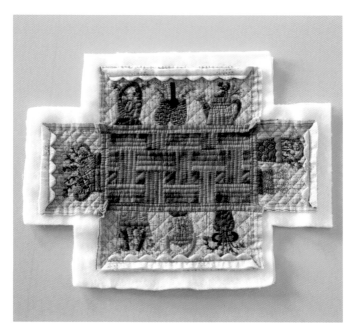

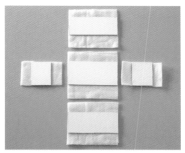

12

裁剪0.3cm厚的紙板，尺寸比
完成線少0.5cm。修棉，使包
裹住紙板的棉襯可以密合。

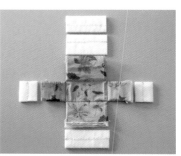

13

底部與側邊布車縫三邊成匚字
形。將棉襯包裹住紙板，棉襯
接合處以捲針縫縫合。

14

紙板放進本體裡，因為棉襯不
會滑動，所以以塑膠袋包住後
置入以利作業。

15

先置入底部的紙板，放入後將
塑膠袋抽出來。

16

放進底部的紙板後，將尚未縫
合的底部與側邊垂直縫合。一
針一針垂直的入針縫合。

18

將側邊立起，使用彎曲針將相
鄰的側邊縫合。因為無法從內
側縫合，所以縫兩次增加牢固
度。

19

完成迷你置物籃了。

完成後，以步驟15的方式將
四片側邊的紙板也塞入。

17

將紙板塞進入後，留下0.7cm
縫份，剪掉多餘的部分。立起
裝飾布，將縫份往內摺。如果
使用普通針，可能會比較難作
業，建議使用彎曲針來進行縫
合。

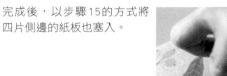

各式針法

平針縫

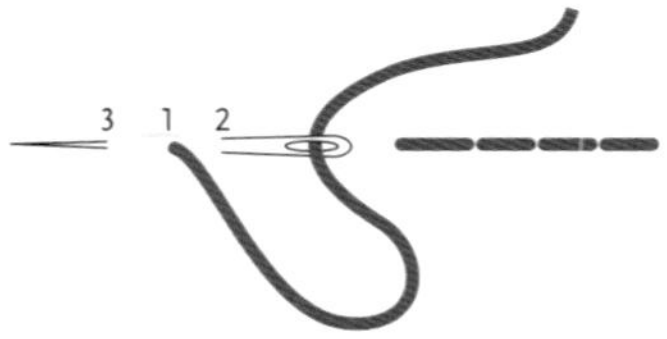

回針縫

輪廓繡

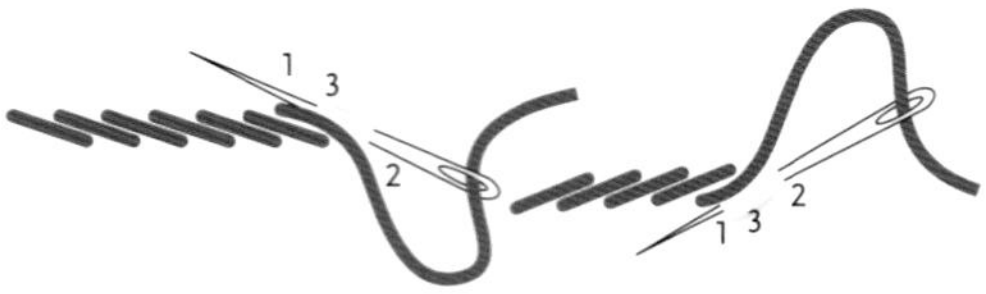

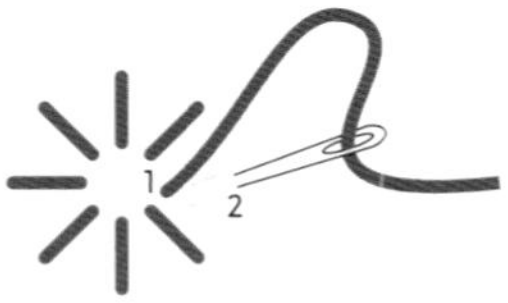

直線繡

法式結粒繡

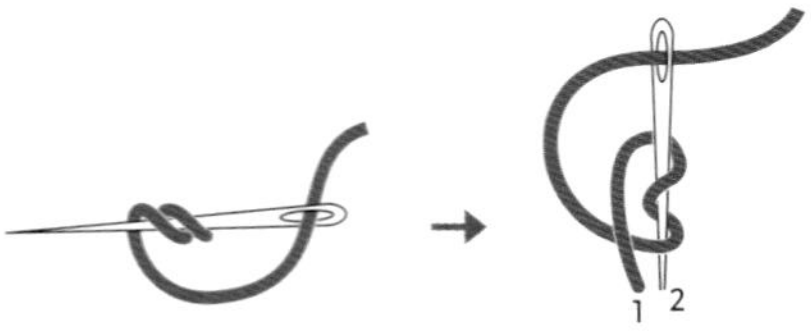

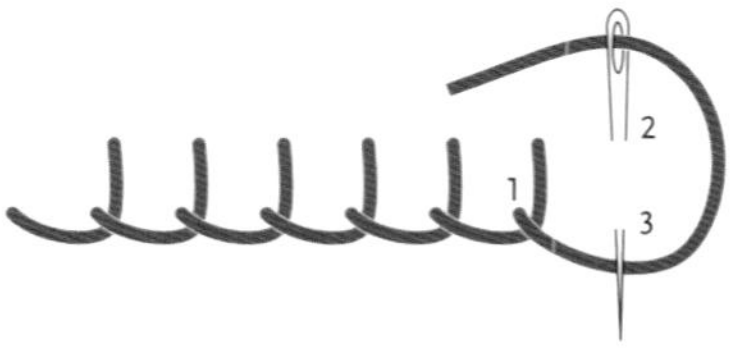

毛邊繡

鎖鏈繡

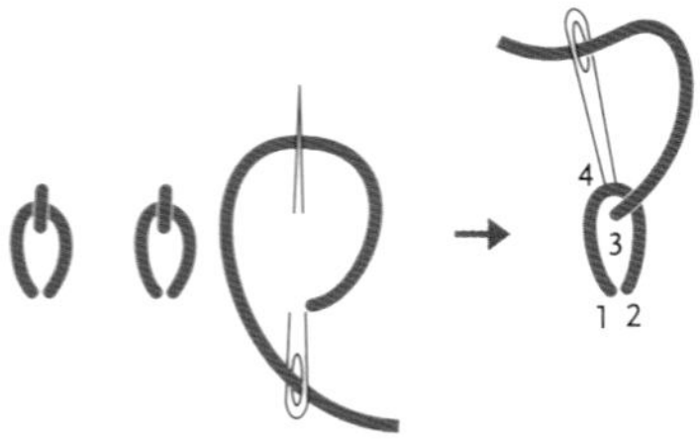

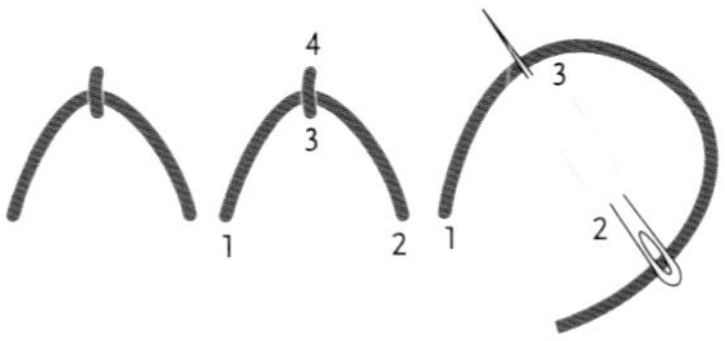

飛羽繡

十字繡

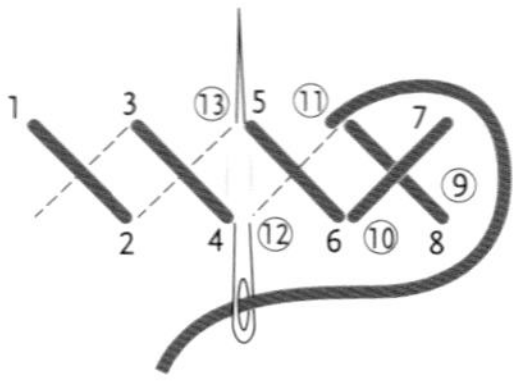

緞面繡

開始拼布之前

關於布襯 在提把或側邊使用布襯，是為了讓作品更挺立而貼在裡布上。本書是使用較厚的不織布布襯。布襯不需加上縫份，依完成尺寸裁剪後，以熨斗燙貼到布上即可。

關於棉襯 棉襯的寬度約在90cm至190cm，厚度則是0.4cm到1.3cm之間。建議配合表布的厚度挑選棉襯的厚度。本書使用的大都是0.9cm左右的厚襯。
另外，棉襯有正反面，摸起來較為蓬鬆的一面為正面，拼布表布背面一定要與棉襯正面相對疊合。

關於拼布用布 在裁剪拼布用布時特別注意布紋。不管是格紋布或直條布，就算只是一塊布在直或橫，或裁剪成斜紋布時都會給人不同的印象。使用印花布的花紋時也需多加思考，讓一塊布可以達到最有效的使用。

關於裡布 雖然從正面看不到裡布，但裡布卻具有相當重要的作用。如果使用比外側拼布片更厚的布料，壓線後就會產生立體效果喔！所以建議挑選厚度與表布大致相同的布料。

關於原寸紙型 附錄的原寸紙型不含縫份。在從P.82之後的頁面上也有較小的紙型，請一併參考使用。將紙型複寫到白紙上後再使用。

關於縫份的加法 一般而言，如果是布片，縫份為0.7cm；若是進行貼布縫，縫份為0.3cm至0.5cm；而為了方便壓縫，裡布與棉襯的縫份會多加到3至5cm左右，之後再修整。

關於壓線 布片的四周通常會使用落針縫，落針縫是指在縫線邊緣進行的壓線。另外，像是包包的側邊或內側，通常會進行間隔1cm的格狀壓線，但以花紋加上壓線也是簡單又方便的作法。

關於完成尺寸 成品會因為描繪紙型、拼縫布片或壓線的關係而出現差別，或多或少會有縮小的可能，就算是不符合製圖的尺寸也不需太擔心。

關於提袋與包包的製作 拼布與壓線如果是手縫，會比較有手作感，所以雖然建議手縫，但在壓線完成後的布片間，可進行機縫，會更為牢固。

Lesson 1

原寸紙型

布片

3.6

80片

深色48片
淺色32片

B

A

1.2

A

32片
（淺色）

B

變形九片拼布鍋墊

作品圖 P.6

MATERIALS

表布（深色布）20×25cm、（淺色布）30×50cm
裡布 27×27cm
滾邊布（斜紋布條）3.5×90cm
掛環布 10×4cm
棉襯 27×27cm

邊框布條（淺色）
1.2×3.6cm＝8片
1.2×8.4cm＝6片
1.2×18cm＝1片

邊框布條（淺色）
1.2×18cm＝2片
1.2×20.4cm＝2片

對摺線

2

滾邊0.7cm

掛環

掛環
1.5cm

10

4

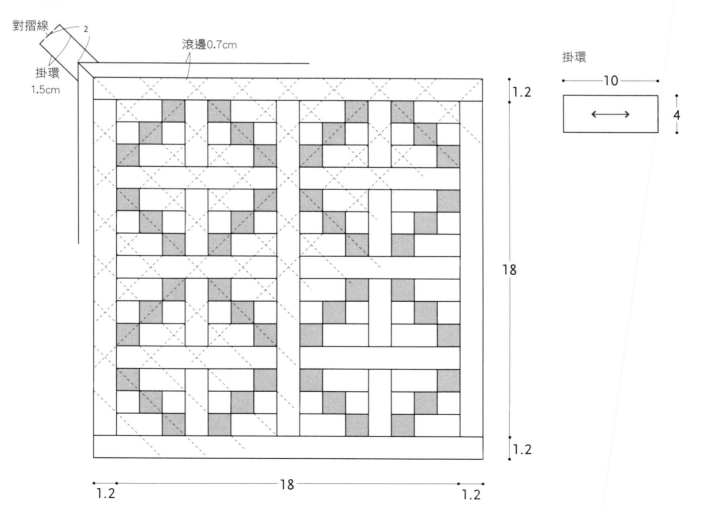

1.2

18

1.2

18

1.2

1.2

Lesson 2

九片拼布袋

作品圖 P.16

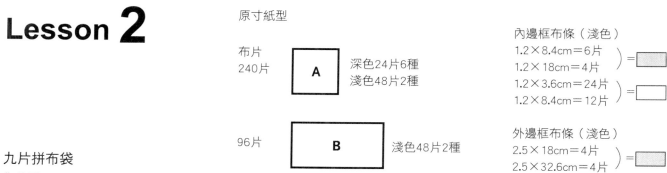

原寸紙型

布片
240片

A　深色24片6種
　　淺色48片2種

96片

B　淺色48片2種

內邊框布條（淺色）
1.2×8.4cm＝6片
1.2×18cm＝4片 ⎫＝
1.2×3.6cm＝24片
1.2×8.4cm＝12片 ⎫＝

外邊框布條（淺色）
2.5×18cm＝4片
2.5×32.6cm＝4片 ⎫＝

MATERIALS

表布（深色布）15×20cm，6種、（淺色布）35×50cm、50×50cm（包括內、外邊框布條）
裡布 30×80cm
滾邊布（斜紋布條）3.5×68cm
提把布 30×20cm
棉襯 30×110cm

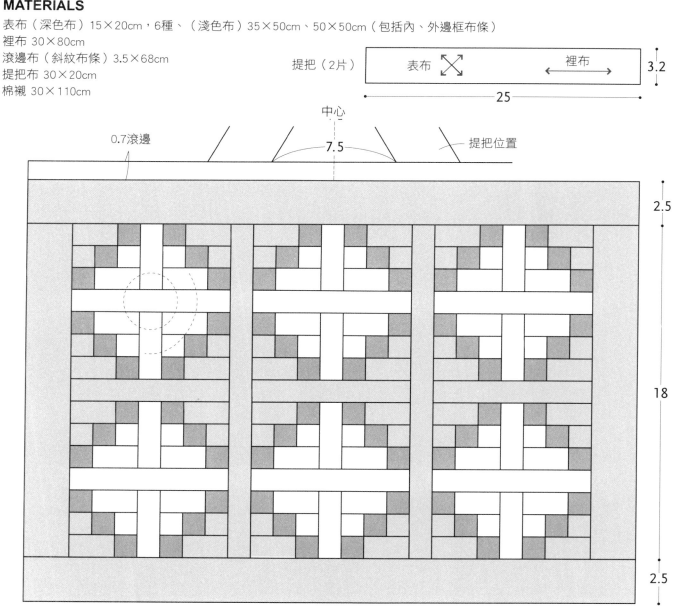

Lesson 3

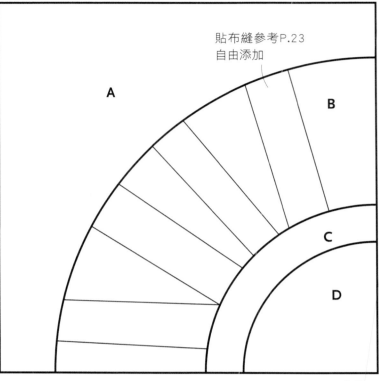

原寸紙型

貼布縫參考P.23
自由添加

A

B

C

D

醉漢之路小壁飾
作品圖 P.22

MATERIALS

配色布、貼布縫布 適量
表布（A）30×110cm、（B）25×90cm、
　　（C）25×30cm、（D）25×25cm、
　　（邊框布條）35×55cm
裡布 60×60cm
滾邊布（斜紋布條）3.5cm×210cm
棉襯 60×60m

布片
A 16片
B 16片
C 16片
D 16片

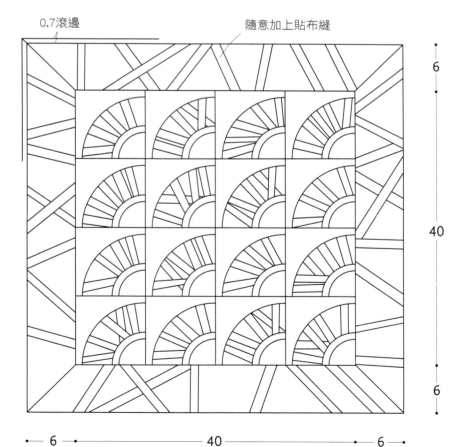

0.7滾邊

隨意加上貼布縫

6

40

6

— 6 — 40 — 6 —

Lesson 4

醉漢之路拼布袋
作品圖 P.28

MATERIALS
配色布 適量
表布
（A）（邊框布條、提把布、後片）50×110cm
（B）30×30cm
（C）22×20cm
（D）12×30cm
裡布 40×80cm
提把裡布 30×30cm
滾邊布（斜紋布條）3.5×65cm
布襯 8×30cm
棉襯 40×110m

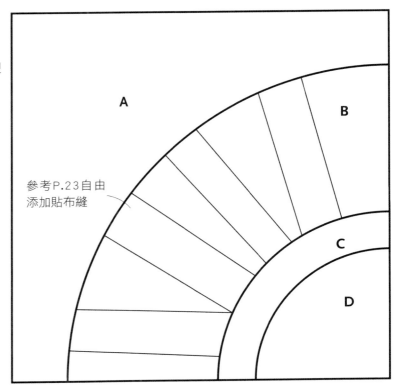

原寸紙型

布片
A 9片
B 9片
C 9片
D 9片

參考P.23自由
添加貼布縫

A

B

C

D

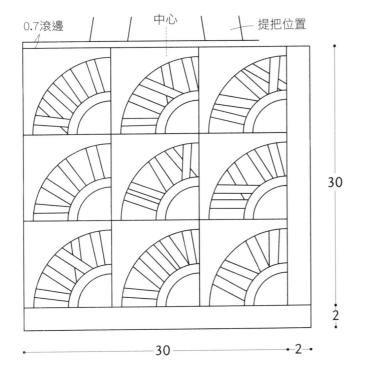

0.7滾邊   中心   提把位置

30

30

2

2

提把（2片）

0.7   表布・裡布

4

27

Lesson 5

清洗衣物的貼布縫手提包
作品圖 P.32

MATERIALS
貼布縫用布 適量
表布（底布）30×50cm、（邊框布條）各5×50cm、（後片）35×50cm
裡布（包括斜紋布條）80×80cm
棉襯 40×52cm
提把用棉質織帶 3×60cm
提把用皮革帶 1.5×60cm
25號繡線 適量

貼布縫原寸紙型　A面

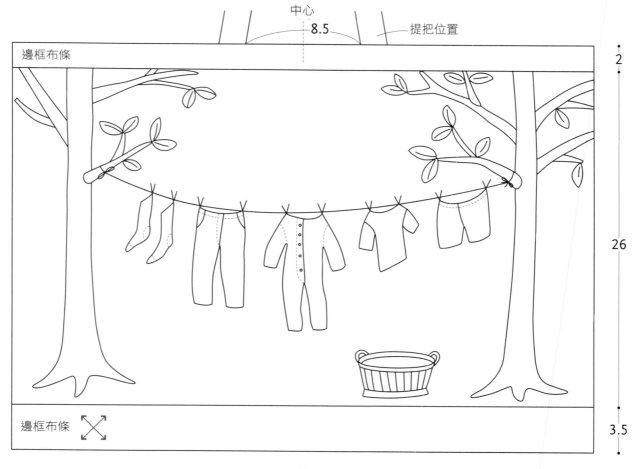

邊框布條

中心

8.5

提把位置

2

26

3.5

44

邊框布條

Lesson **6**

條紋手拿包
作品圖 P.38

MATERIALS

配色布 適量
表布（包括斜紋布條）80×110cm
棉襯 45×90cm

原寸紙型　A面

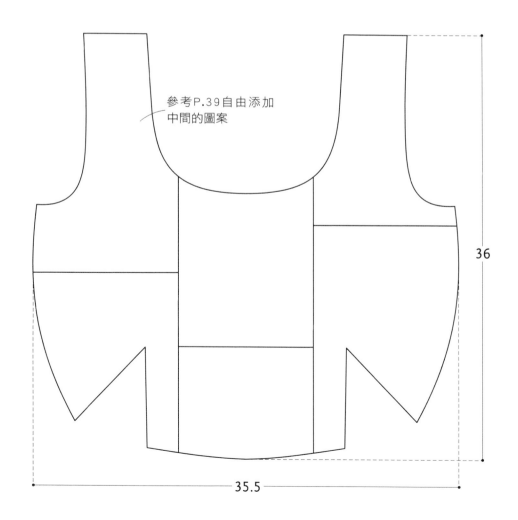

參考P.39自由添加
中間的圖案

36

35.5

Lesson 7

星形鎖鏈手提包
作品圖 P.42

原寸紙型

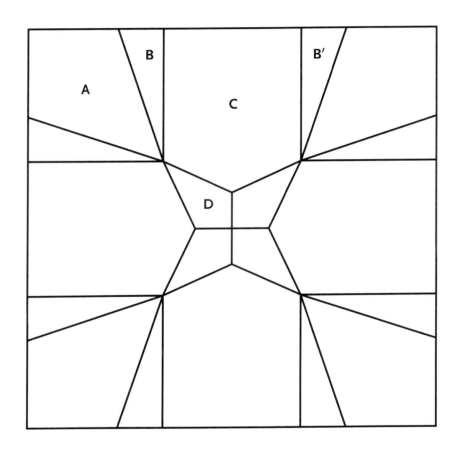

布片
A 24片
B 24片
B' 24片
C 24片
D 24片

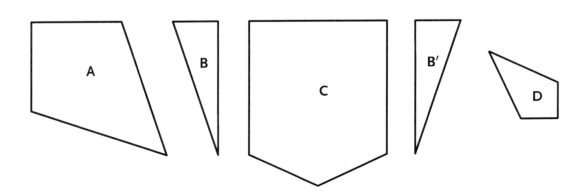

MATERIALS

配色布 適量
表布 （包口布）12×35cm、（後片）35×30cm、（側邊）82×10cm
提把布 9×5cm 4片
裡布（包括斜紋布條）50×110cm
布襯 7×14cm
棉襯 50×110cm
內徑7cm木製提把 1組
25號繡線 適量

本體·側邊·提把垂片原寸紙型 A面

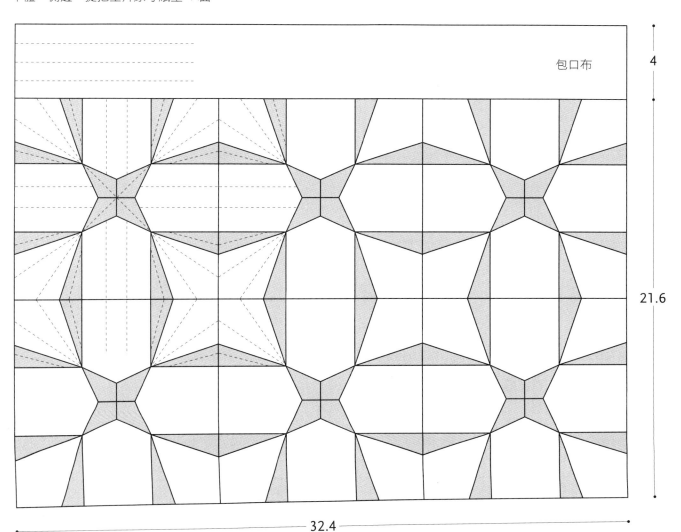

包口布

4

21.6

32.4

Lesson 8

圓形貼布縫拼布袋
作品圖 P.48

MATERIALS
貼布縫用布 適量
表布（底布、側邊提把布）40×110cm
釦帶布 15×20cm
裡布（包括斜紋布條）50×110cm
布襯 10×110cm
棉襯 50×110m
直徑2cm的磁釦 1組

布片・本體・側邊提把原寸紙型　A面

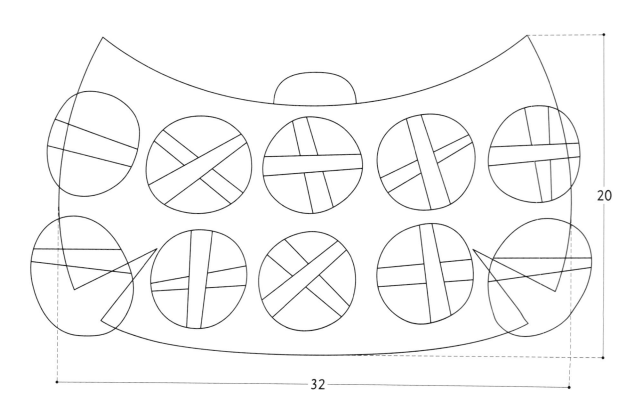

20

32

Lesson 9

磚形拼布波士頓包
作品圖 P.54

MATERIALS
配色布 適量
表布（接邊布）6×32cm、（包口布）10×32cm、（拉鍊擋布、側邊布）40×65cm、
　　（側耳布）10×10cm、（提把布）20×30cm
裡布（包括斜紋布條）50×110cm
布襯 15×50cm
棉襯 50×100cm
提把用麻質織帶 3×60cm
長33cm的拉鍊 1條
裝飾繩 40cm
長1.8cm的裝飾串珠 2個

原寸紙型

布片
64片

本體原寸紙型　B面

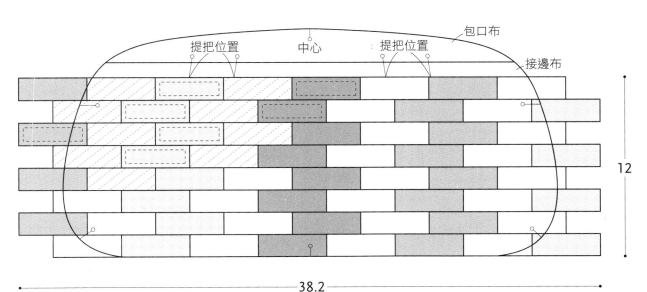

Lesson 10

鋸齒形拼布化妝包
作品圖 P.58

MATERIALS

配色布 適量
表布（拉鍊擋布）25×30cm、（側邊布）10×20cm、（側耳布）5×8cm 2片
滾邊布（斜紋布條）3.5×90cm
裡布 35×60cm
布襯 7×40cm
棉襯 35×60cm
長25.5cm的拉鍊 1條
皮繩 20cm
長1.8cm的裝飾串珠 1個

布片原寸紙型 B面

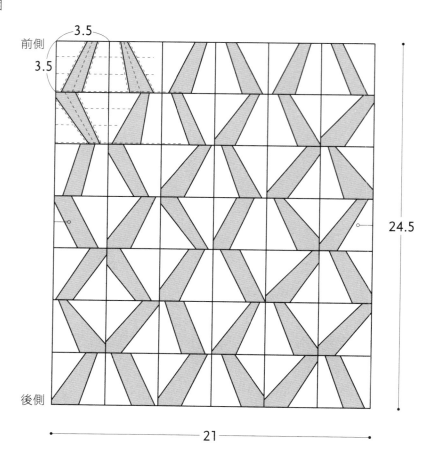

Lesson 11

花朵貼布縫拼布袋

作品圖 P.64

MATERIALS
拼布縫用布 適量
表布（底布）35×55cm、（提把布）各8×38cm
裡布 35×55cm
布襯 5×38cm
棉襯 45×55cm

貼布縫原寸紙型　B面

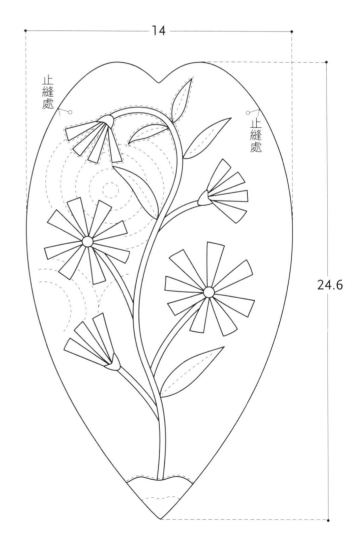

Lesson 12

枝幹拼布文件夾
作品圖 P.70

MATERIALS

配色布 適量
表布（包口布）10×40cm、（側邊布）
　　20×30cm
滾邊布（斜紋布條）3.5×140cm
裡布（包括側邊布、貼邊布、提把布）
　　50×110cm
布襯 30×30cm
棉襯 50×110cm
直徑1.5cm、長32cm的提把 2根

布片、本體、包口布、側邊、
貼邊布原寸紙型 B面

提把布（4片）

對摺線

3

12

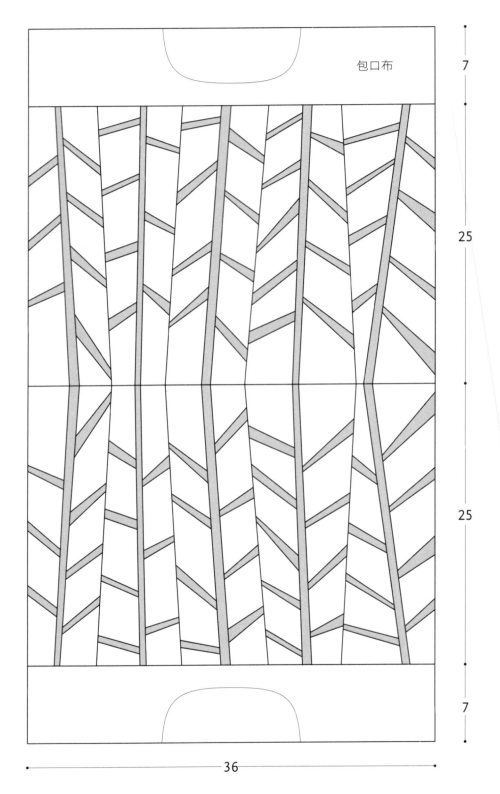

包口布

7

25

25

7

36

Lesson 13

貼布縫置物籃

作品圖 P.76

MATERIALS

配色布 適量
表布（側邊布）20×35cm、（接邊布）25×10cm、
　　（底布）15×25cm、（裝飾布）35×10cm
裡布 35×45cm
補強布 35×45cm
棉襯 35×110cm
紙板（厚0.3cm）20×40cm
25號繡線 適量

貼布縫原寸紙型　B面

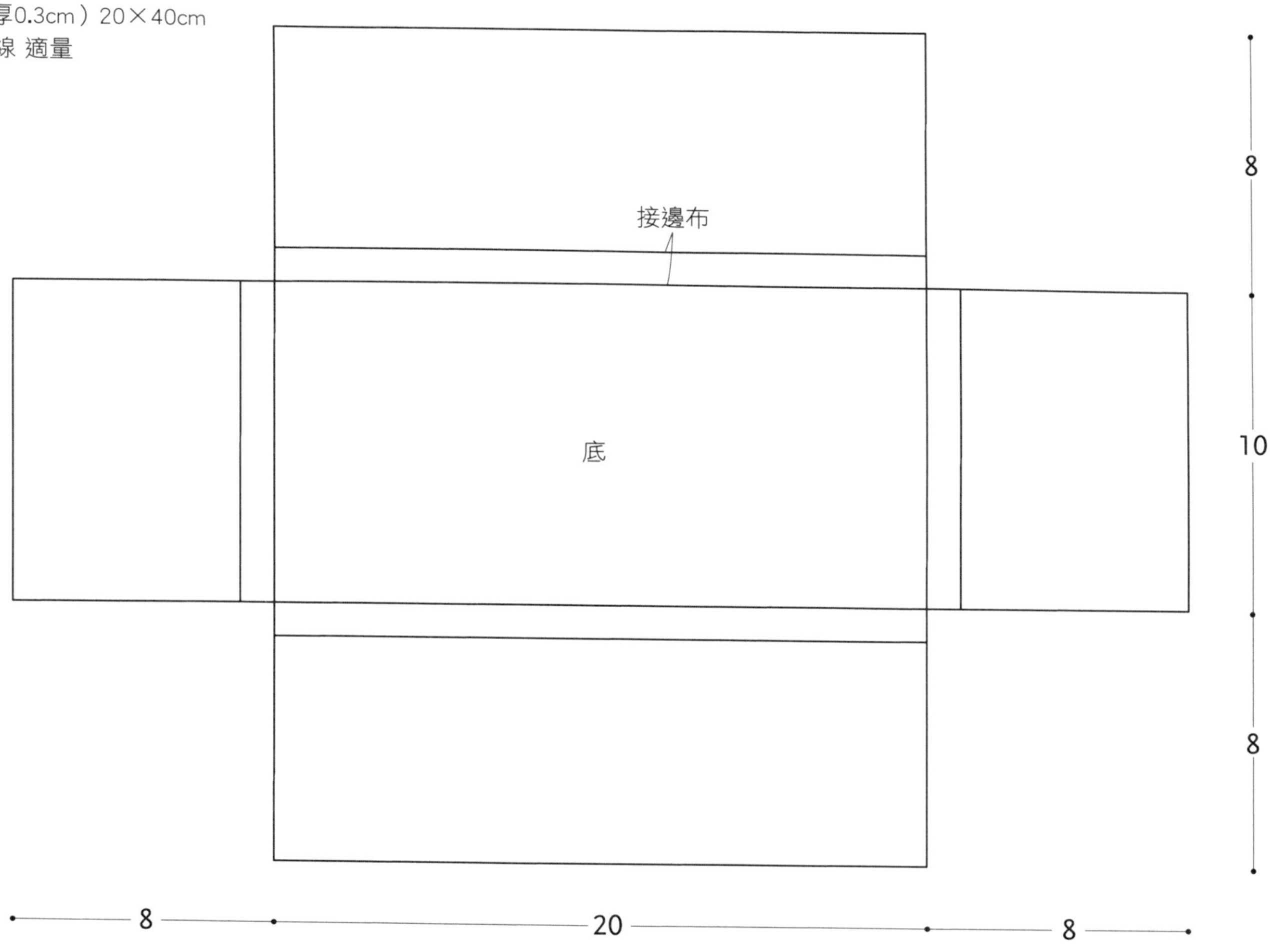

接邊布

底

8

10

8

8

20

8

齊藤謠子の不藏私拼布入門課

13堂漸進式圖解教學一次公開

作　　者／齊藤謠子
譯　　者／田　采
發 行 人／詹慶和
總 編 輯／蔡麗玲
編　　輯／方嘉鈴、蔡竺玲、吳怡萱、陳瑾欣
封面設計／林佩樺
出 版 者／雅書堂文化
發 行 者／雅書堂文化事業有限公司
郵政劃撥帳號／18225950
戶　　名／雅書堂文化事業有限公司
地　　址／台北縣板橋市板新路206號3樓
電　　話／(02)8952-4078
傳　　真／(02)8952-4084
網　　址／www.elegantbooks.com.tw
電子郵件／elegant.books@msa.hinet.net
2010年12月初版一刷　定價450元

SAITO YOKO NI NARAU HAJIMETE NO PATCHWORK
Copyright © Yoko Saito 2008 Printed in Japan
All rights reserved.
Original Japanese edition published in Japan by BUNKA PUBLISHING BUREAU
Chinese (in complex character) translation rights arranged with BUNKA PUBLISHING
BUREAU through KEIO CULTURAL ENTERPRISE CO., LTD.

總經銷／朝日文化事業有限公司
進退貨地址／台北縣中和市橋安街15巷1樓7樓
電話／（02）2249-7714　　傳真／（02）2249-8715

星馬地區總代理：諾文文化事業私人有限公司
新加坡／Novum Organum Publishing House (Pte) Ltd.
20 Old Toh Tuck Road, Singapore 597655.
TEL：65-6462-6141　　FAX：65-6469-4043
馬來西亞／Novum Organum Publishing House (M) Sdn. Bhd.
No. 8,　Jalan 7/118B,　Desa Tun Razak, 56000 Kuala Lumpur, Malaysia
TEL：603-9179-6333　　FAX：603-9179-6060

齊藤謠子

擔任NHK文化中心等各地講師，作品發表於雜誌、電視……等處，
活躍於手作界中，以其獨特的拼布配色深受讀者喜愛，也時常於歐洲
舉辦作品展、講習會，不論海內外都極具人氣。並經營「拼布派對」
http://www.quilt.co.jp/　（教學和商店）。

國家圖書館出版品預行編目資料

齊藤謠子の不藏私拼布入門課 / 齊藤謠子著；田采譯. -- 初版.
-- 臺北縣板橋市：雅書堂文化，2010.12
　　面；　公分. -- (Patchwork·拼布美學；2)
ISBN 978-986-6277-60-3(平裝)

1. 拼布藝術 2. 手工藝
426.7　　　　　　　　　　　　　　　　99023230